"十三五"国家重点出版物出版规划项目
岩石力学与工程研究著作丛书

白格滑坡致灾调查

邓建辉　陈　菲　赵思远　张新华　等　著

资助项目：

1. 国家重点研发计划项目"青藏高原重大滑坡动力灾变与风险防控关键技术研究"（2018YFC1505000）

2. 第二次青藏高原综合科学考察研究任务九专题五"冻土冻融灾害及重大冻土工程病害"（2019QZKK0905）

U0210705

科　学　出　版　社

北　京

内 容 简 介

2018 年 10 月 10 日和 11 月 3 日，位于金沙江上游右岸的西藏自治区江达县波罗乡白格村先后发生了两起重大的滑坡堵江事件，堰塞湖淹没了上游的部分乡镇，溃决洪水冲毁了下游的基础设施，虽然未造成人员伤亡，但是社会经济损失严重。两次滑坡发生后，作者均参加了应急调查，并一直从事其失稳机制与发展趋势研究工作。本书是相关工作的系统总结，主要内容包括滑坡的地质环境条件、形成机制与过程分析、溃决洪水特征与灾害损失、后缘裂缝区现状与潜在风险评估等。白格滑坡发生在金沙江缝合带，孕育条件与滑坡过程具有鲜明的个性，同时灾害链效应突出，本书内容可为这类滑坡研究和灾害防治提供一手的基础资料。

本书涉及多个工程领域，可供岩土工程、地质工程、地质灾害、水电工程等相关专业的科研人员、工程技术人员和研究生借鉴参考。

图书在版编目（CIP）数据

白格滑坡致灾调查/邓建辉等著. —北京：科学出版社，2021.9
（岩石力学与工程研究著作丛书）
"十三五"国家重点出版物出版规划项目
ISBN 978-7-03-068297-0

Ⅰ. ①白⋯ Ⅱ. ①邓⋯ Ⅲ. ①滑坡–地质灾害–地质调查–江达县 Ⅳ. ①P642.22

中国版本图书馆 CIP 数据核字（2021）第 043212 号

责任编辑：牛宇锋 陈娇娇 / 责任校对：任苗苗
责任印制：师艳茹 / 封面设计：欣宇腾飞

科 学 出 版 社 出版
北京东黄城根北街 16 号
邮政编码：100717
http://www.sciencep.com

北京九天鸿程印刷有限责任公司 印刷

科学出版社发行 各地新华书店经销
*

2021 年 9 月第 一 版 开本：720 × 1000 B5
2021 年 9 月第一次印刷 印张：13 1/4
字数：238 000
定价：159.00 元
（如有印装质量问题，我社负责调换）

《岩石力学与工程研究著作丛书》编委会

《岩石力学与工程研究著作丛书》序

随着西部大开发等相关战略的实施，国家重大基础设施建设正以前所未有的速度在全国展开：在建、拟建水电工程达 30 多项，大多以地下硐室(群)为其主要水工建筑物，如龙滩、小湾、三板溪、水布垭、虎跳峡、向家坝等水电站，其中白鹤滩水电站的地下厂房高达 90m、宽达 35m、长 400 多米；锦屏二级水电站 4 条引水隧道，单洞长 16.67km，最大埋深 2525m，是世界上埋深与规模均为最大的水工引水隧洞；规划中的南水北调西线工程的隧洞埋深大多在 400～900m，最大埋深 1150m。矿产资源与石油开采向深部延伸，许多矿山采深已达 1200m 以上。高应力的作用使得地下工程冲击地压显现剧烈，岩爆危险性增加，巷(隧)道变形速度加快、持续时间长。城镇建设与地下空间开发、高速公路与高速铁路建设日新月异。海洋工程(如深海石油与矿产资源的开发等)也出现方兴未艾的发展势头。能源地下储存、高放核废物的深地质处置、天然气水合物的勘探与安全开采、CO_2 地下隔离等已引起高度重视，有的已列入国家发展规划。这些工程建设提出了许多前所未有的岩石力学前沿课题和亟待解决的工程技术难题。例如，深部高应力下地下工程安全性评价与设计优化问题，高山峡谷地区高陡边坡的稳定性问题，地下油气储库、高放核废物深地质处置库以及地下 CO_2 隔离层的安全性问题，深部岩体的分区碎裂化的演化机制与规律，等等。这些难题的解决迫切需要岩石力学理论的发展与相关技术的突破。

近几年来，863 计划、973 计划、"十一五"国家科技支撑计划、国家自然科学基金重大研究计划以及人才和面上项目、中国科学院知识创新工程项目、教育部重点(重大)与人才项目等，对攻克上述科学与工程技术难题陆续给予了有力资助，并针对重大工程在设计和施工过程中遇到的技术难题组织了一些专项科研，吸收国内外的优势力量进行攻关。在各方面的支持下，这些课题已经取得了很多很好的研究成果，并在国家重点工程建设中发挥了重要的作用。目前组织国内同行将上述领域所研究的成果进行了系统的总结，并出版《岩石力学与工程研究著作丛书》，值得钦佩、支持与鼓励。

该丛书涉及近几年来我国围绕岩石力学学科的国际前沿、国家重大工程建设中所遇到的工程技术难题的攻克等方面所取得的主要创新性研究成果，包括深部及其复杂条件下的岩体力学的室内、原位实验方法和技术，考虑复杂条件与过程(如高应力、高渗透压、高应变速率、温度-水流-应力-化学耦合)的岩体力学特性、变形破裂过程规律及其数学模型、分析方法与理论，地质超前预报方法与技术，工程地质灾害预测预报与防治措施，断续节理岩体的加固止裂机理与设计方法，灾害环境下重大工程的安全性，岩石工程实时监测技术与应用，岩石工程施工过程仿真、动态反馈分析与设计优化，典型与特殊岩石工程(海底隧道、深埋长隧洞、高陡边坡、膨胀岩工程等)超规范的设计与实践实例，等等。

岩石力学是一门应用性很强的学科。岩石力学课题来自于工程建设，岩石力学理论以解决复杂的岩石工程技术难题为生命力，在工程实践中检验、完善和发展。该丛书较好地体现了这一岩石力学学科的属性与特色。

我深信《岩石力学与工程研究著作丛书》的出版，必将推动我国岩石力学与工程研究工作的深入开展，在人才培养、岩石工程建设难题的攻克以及推动技术进步方面将会发挥显著的作用。

钱七虎

2007 年 12 月 8 日

《岩石力学与工程研究著作丛书》编者的话

近 20 年来，随着我国许多举世瞩目的岩石工程不断兴建，岩石力学与工程学科各领域的理论研究和工程实践得到较广泛的发展，科研水平与工程技术能力得到大幅度提高。在岩石力学与工程基本特性、理论与建模、智能分析与计算、设计与虚拟仿真、施工控制与信息化、测试与监测、灾害性防治、工程建设与环境协调等诸多学科方向与领域都取得了辉煌成绩。特别是解决岩石工程建设中的关键性复杂技术疑难问题的方法，973 计划、863 计划、国家自然科学基金等重大、重点课题研究成果，为我国岩石力学与工程学科的发展发挥了重大的推动作用。

应科学出版社诚邀，由国际岩石力学学会副主席、岩土力学与工程国家重点实验室主任冯夏庭教授和黄理兴研究员策划，先后在武汉市与葫芦岛市召开《岩石力学与工程研究著作丛书》编写研讨会，组织我国岩石力学工程界的精英们参与本丛书的撰写，以反映我国近期在岩石力学与工程领域研究取得的最新成果。本丛书内容涵盖岩石力学与工程的理论研究、试验方法、试验技术、计算仿真、工程实践等各个方面。

本丛书编委会编委由 75 位来自全国水利水电、煤炭石油、能源矿山、铁道交通、资源环境、市镇建设、国防科研领域的科研院所、大专院校、工矿企业等单位与部门的岩石力学与工程界精英组成。编委会负责选题的审查，科学出版社负责稿件的审定与出版。

在本丛书的策划、组织与出版过程中，得到了各专著作者与编委的积极响应；得到了各界领导的关怀与支持，中国岩石力学与工程学会理事长钱七虎院士特为丛书作序；中国科学院武汉岩土力学研究所冯夏庭教授、黄理兴研究员与科学出版社刘宝莉编辑做了许多烦琐而有成效的工作，在此一并表示感谢。

"21 世纪岩土力学与工程研究中心在中国"，这一理念已得到世人的共识。我们生长在这个年代里，感到无限的幸福与骄傲，同时我们也感觉到肩上的责任重大。我们组织编写这套丛书，希望能真实反映我国岩石力学与工程的现状与成果，希望对读者有所帮助，希望能为我国岩石力学学科发展与工程建设贡献一份力量。

《岩石力学与工程研究著作丛书》
编辑委员会
2007 年 11 月 28 日

序　一

　　川西位于青藏高原东南缘，自东向西发育有岷江、大渡河、雅砻江和金沙江等大江大河。这些河流所在的高山峡谷区，自古以来就是滑坡灾害的高发区。1216年3月17日金沙江下游的马湖地震就有"马湖夷界山崩八十里，江水不通"的记载。1786年6月1日的大渡河摩岗岭滑坡堰塞大渡河达9日之久，溃决洪水在下游沿岸导致人员伤亡达10万之众。1933年8月25日的叠溪地震滑坡形成了十余个堰塞湖，其中叠溪海子溃决造成至少2500人死亡。1935年12月22日会理县白泥洞滑坡掩埋30余户村民，金沙江断流3日。1967年6月8日的雅砻江唐古栋滑坡堰塞雅砻江达9昼夜。2008年汶川地震诱发了包括唐家山滑坡在内的大型堵江滑坡多达34处。这里仅仅枚举了有明确历史记载、影响较大的几起大型滑坡堵江事件。如果把时间尺度或空间尺度适当放宽，这类事件将更多。因此，堵江滑坡及其溃决洪水灾害链研究对区域防灾减灾工作具有十分重要的意义。

　　四川大学自建校以来一直十分注重地区防灾减灾研究工作。早在1933年叠溪地震后，四川大学师生先后六次考察了叠溪地震及其次生灾害，出版了《四川大学叠溪地质调查特刊》[①]。汶川地震后四川大学在香港赛马会支持下联合香港理工大学成立了"灾后重建与管理学院"，致力于防灾减灾、应急响应和灾后恢复重建领域的科研、教学和社会服务。专著《白格滑坡致灾调查》的出版延续了四川大学的这一传统。

　　邓建辉教授长期从事岩土工程与地质灾害相关的研究工作，2004年进入四川大学后，足迹遍布川西的各主要河流，为川西的水能资源开发和地质灾害防控贡献了自己的一份力量。2018年10月白格滑坡发生后，他第一时间赶赴现场，是第一批徒步抵达灾害现场的专家组成员之一。此后的11月和12月又对滑坡的二次堵江原因和溃决洪水灾害进行了详细考察。2019年至今，邓建辉教授主持了国家重点研发计划项目"青藏高原重大滑坡动力灾变与风险防控关键技术研究"（2018YFC1505000），进一步对滑坡的成因、演变和链生灾害等进行了较为系统的调查，并对潜在失稳的裂缝区进行了原型监测和深入分析。该书就是在这些工作基础上撰写形成的。

　　我认为地质学领域专著写作的基本原则是"客观记录与独立分析"。所谓"客观记录"就是尽量保证资料的原始性。地质学讲究"将古论今"，但是历史堵江事

---

① 党跃武，等. 川大记忆：校史文献选集第三辑——叠溪地震与四川大学. 成都：四川大学出版社，2011

件留下的信息毕竟有限，这类"考古式"研究远没有白格滑坡这个"鲜活"的实例资料丰富。"客观记录"的一手资料可为进一步的深入研究积累资料。"独立分析"则反映了作者的见解。这是一种严谨的科学态度。毕竟不同学者的知识背景不同，对同一现象从不同侧面考察也可能存在见解与判断差异。该书充分体现了这一原则，希望读者能有所启示和收获。

这是邓建辉教授进入四川大学 16 年来亲自组织撰写的第一本专著。这是一个良好的开端，希望以后能见到他更多的著作出版。

许和平

中国工程院院士

2020 年 7 月 8 日

序　二

　　青藏高原隆升是新近纪以来全球最重大的地质事件，其隆升过程对区域地质环境影响深远，使青藏高原成为全球地质环境较脆弱地区之一。青藏高原地质条件极为复杂，地壳隆升、高地应力、地震、冻融、暴雨等内外动力强烈，重大滑坡频发，链生灾害剧烈，已严重影响川藏铁路、水能资源开发等国家重大工程建设，严重威胁区域人居与财产安全。

　　青藏高原的地质灾害研究总体上与工程建设密切相关。以滑坡研究为例，早期修建的青藏公路和铁路、川藏公路和滇藏公路等沿线的地质灾害问题首先得到了较多关注，其次是与水能资源开发相关的主要流域地质灾害，再次是高原及其周边地区城镇建设相关的地质灾害。青藏高原的链生灾害问题近年也开始得到关注和重视，如滑坡堵江灾害链问题和高速远程滑坡问题。这些研究的总体特点是以点和线为主，面上研究仅 2001 年中国地质调查局"中国西部地质灾害区域调查评价"项目进行了部分工作，区域性滑坡灾害发育规律及其与青藏高原隆升的关系尚缺乏系统深入的研究工作。

　　为此，国家重点研发计划"重大自然灾害监测预警与防范"重点专项任务 2 "重大地质灾害快速识别与风险防控"中专列了"青藏高原重大滑坡动力灾变与风险防控关键技术研究"项目。2018 年 10 月和 11 月金沙江上游发生的两起白格滑坡堵江事件验证了上述项目设置的必要性。

　　白格滑坡发生在金沙江缝合带，岩性为构造混杂岩，孕育机制和演变过程十分复杂。四川大学邓建辉教授领衔的项目组全程参加了该滑坡的应急调查工作。他们调查发现两次滑坡后，滑坡边界外的裂缝区还在进一步发展，存在进一步滑坡堵江的风险。鉴于白格滑坡位于川藏铁路的上游，而且这类滑坡可能在川藏铁路跨越的大江大河两岸十分发育，不仅对川藏铁路构成极为严重的威胁，而且将危及下游两岸人居和重大工程的安全。因此，在 2019 年 2 月 16 日的项目启动会上项目组跟踪专家组建议将白格滑坡作为项目的示范工程进行重点研究。项目组克服了滑坡源区高差大、高原反应等困难，对滑坡的孕育条件进行了较为详细的地质调查，补充了裂缝区的 InSAR 和内观监测工作，并在此基础上对滑坡裂缝区的未来发展趋势进行了分析。该书就是这些现场调查与分析研究工作的总结。

　　全书共 7 章和 3 个附录。正文包括白格滑坡的区域地质与构造背景、滑坡区地质环境特征、滑坡孕育机制与运动堆积过程、淹没与溃决洪水灾害、裂缝区原型监测成果与潜在风险分析等。附录包括滑坡前后的光学影像与现状地形图，工作过程中提交给政府的咨询报告，以及滑坡调查纪行。调查过程很艰辛，但成果很丰富，该书是目前关于白格滑坡最系统、最全面的研究成果。白格滑坡作为滑坡堵江的典型案例，相信该书的出版对推动青藏高原地区重大滑坡机理及滑坡堵江灾害链的研究有重要的参考价值。

  作为项目组跟踪专家组成员，很高兴推荐该著作出版。是为序。

彭建兵

中国科学院院士

2020 年 7 月 8 日

前　言

　　2020 年 1 月下旬，新冠病毒开始肆虐神州大地。疫情防控期间，我系统地梳理了一遍团队 2018～2019 年在青藏高原东缘的调查成果，将重点研究区白格滑坡的现场调查成果归纳整理，结集出版。

　　总结起来，白格滑坡的典型性主要体现在如下四个方面。

　　第一，滑坡位于金沙江缝合带，孕育机理复杂。缝合带构造混杂岩不论是从岩性还是从构造角度分析均十分复杂。在岩性方面，这类混杂岩在滑坡区既包括沉积岩、古老的变质岩，又包括不同时期的喷出岩或基性、超基性和酸性侵入岩；在构造方面，这类混杂岩岩性不同，甚至同一岩性构成的岩体往往以岩片或团块出现，岩片之间基本上为断层接触。在青藏高原，特别是三江并流地区由构造混杂岩产生的滑坡问题十分突出。

　　第二，滑坡事件出现在冬季，触发因素既非地震又非降雨，体现了河谷地貌自然演变的特点。

　　第三，滑坡的运动与堆积过程出现了一些东部地区少见或未见的特点，如高位剪出口、启动初速度、碰撞堆积、水砂射流冲刷等。

　　第四，滑坡灾害链效应十分突出。两次滑坡堵江，均在上游造成村镇淹没，在下游溃决洪水导致大量桥梁、沿江公路、村镇和农田损毁。白格滑坡因地处边远，且应急处置得当未造成人员伤亡，但是据统计，其造成直接经济损失超过 100 亿元，社会经济影响远远超过 2000 年 4 月的易贡滑坡堵江事件。

　　青藏高原东缘以高山峡谷地貌为主，是我国近阶段交通设施建设和水能资源开发的重点地区。川藏铁路、川藏高速、滇藏铁路，以及一大批水电站正在设计与建设过程中，滑坡灾害不仅是这些工程设施安全施工与运营的重要制约因素之一，而且是区域脆弱生态环境下社会经济可持续协调发展的重要制约因素。虽然近年来该地区的滑坡堵江事件研究极为活跃，但是研究对象主要为史前滑坡事件。这类"考古式"研究可资利用的信息有限，研究价值远小于白格滑坡这类新鲜"活体"。因此，出版本书的目的就是希冀为类似白格滑坡堵江事件的研究和防灾减灾提供第一手参考资料。

　　基于上述目的，撰写本书的基本原则是客观记录与适度的独立分析，即客观记录滑坡地质与灾害调查成果，并结合相关理论分析其机制与过程。本书以作者的调查资料和见解为主，但是为了保证内容的完整性和便于陈述，部分内容参考了同行的研究成果或公开出版的成果。引用或参考的成果在书中一律做了标注。

全书共 7 章。第 1 章回顾川西地区滑坡堵江事件的普遍性与研究概况，以及两起滑坡堵江事件与灾害调查过程。第 2 章介绍滑坡区的地形地貌、岩性构造、构造活动与降水等地质环境条件，为滑坡成因分析奠定基础。第 3 章以源区与堆积区岩性分布和其他特征为基础，分析两起滑坡事件的成因机制与运动过程，估算滑坡速度。第 4 章介绍两起滑坡堵江事件的堰塞湖蓄水过程、淹没灾害，以及堰塞湖蓄泄水诱发的岸坡变形与破坏情况。第 5 章重点讨论白格"11·3"滑坡堰塞坝溃决与洪水演进过程，以及洪水演进过程中诱发的灾害情况。第 6 章介绍滑坡源区中、后缘边界外裂缝区的演变情况与 InSAR、内观监测成果，评估裂缝区的未来发展趋势与风险。第 7 章全面总结两起滑坡堵江与滑坡坝溃决洪水灾害调查成果，讨论尚待深入研究的工作以及三江地区滑坡堵江防控面临的挑战。

全书包括 3 个附录。附录 A 为白格滑坡正射影像与地形图。第一幅为白格滑坡前高分卫星影像，第二至四幅为四川测绘地理信息局在白格"10·10"滑坡坝溃决前后和白格"11·3"滑坡坝溃决前拍摄的无人机（UAV）影像，第五和六幅为滑坡区现状影像与地形平面图。附录 B 汇集了调查期间提交给西藏自治区自然资源厅的 6 份报告或建议书。原稿仓促成稿，本次出版稍做修订。修订删除了原稿中重复的图件和致谢内容，订正了文字。白格滑坡发生于金沙江缝合带的构造混杂岩区，对其认识深度是一个渐进过程，因此原稿中可能存在一些认识错误或不足，本次修订未做订正，基本维持原稿内容不变以反映这一认知过程。滑坡发生时间有多种说法，裂缝区编号前后不一致等问题，因不影响阅读与结论，也未修改统一。附录 C 记录了两起滑坡应急调查全过程。

参与本书撰写的主要有邓建辉、陈菲、赵思远、张新华、马显春、姚鑫、高云建和张伯虎等。其中，赵思远撰写第 2 章。张新华和马显春撰写第 5 章。陈菲撰写第 6 章，参与撰写第 4 章。姚鑫撰写 6.2 节。高云建参与撰写第 4 章和 6.4 节，协助绘制了部分图件。张伯虎参与撰写 6.3 节。其他章节由邓建辉撰写。全书最后由邓建辉统一修改、定稿。

参与现场调查工作的人员还包括王塞、杨仲康、王剃剀、魏进兵等。现场调查工作得到西藏自治区自然资源厅和公安厅、昌都市自然资源局、江达县国土资源局、四川省水利厅、白玉县人民政府的支持与协助。工作过程中先后得到四川省华地建设工程有限责任公司、中国地质调查局成都地质调查中心、西藏自治区地质环境监测总站、深圳市北斗云信息技术有限公司、四川省地质矿产勘查开发局九一五水文地质工程地质队等单位的帮助。在此谨代表团队对相关单位和个人表示衷心感谢！

四川测绘地理信息局许可出版附录 A 中图 A.2～图 A.4。谨对这些单位和个人的辛勤付出表示衷心感谢。

本书相关研究工作与出版得到国家重点研发计划项目"青藏高原重大滑坡动力灾变与风险防控关键技术研究"（2018YFC1505000）和第二次青藏高原综合科学考察研究任务九专题五"冻土冻融灾害及重大冻土工程病害"（2019QZKK0905）的资助。

非常感谢四川大学前校长、中国工程院院士谢和平，项目组跟踪专家组成员、长安大学教授、中国科学院院士彭建兵为本书作序。

本书内容是作者团队现场考察成果和见解的集成。限于作者水平，书中难免存在疏漏之处，欢迎读者批评指正。

邓建辉

2020 年 7 月 10 日于四川大学

目　　录

《岩石力学与工程研究著作丛书》序

《岩石力学与工程研究著作丛书》编者的话

序一

序二

前言

第1章　绪论 ··· 1

　　1.1　川西滑坡堵江事件概述 ·· 1

　　1.2　滑坡堵江事件研究进展 ·· 4

　　1.3　白格滑坡堵江事件及其灾害调查过程 ·································· 6

　　参考文献 ··· 8

第2章　滑坡的地质环境条件 ·· 11

　　2.1　区域地质背景 ·· 11

　　　　2.1.1　地理位置 ··· 11

　　　　2.1.2　区域构造地貌特征 ··· 12

　　　　2.1.3　区域气象和水文特征 ·· 15

　　2.2　活动构造和地震 ··· 16

　　　　2.2.1　金沙江断裂带 ··· 16

　　　　2.2.2　金沙江断裂带北段活动性和地震特征 ···················· 17

　　2.3　滑坡区地质环境 ··· 18

　　　　2.3.1　地形地貌 ··· 18

　　　　2.3.2　地层岩性 ··· 20

　　　　2.3.3　地质构造 ··· 23

　　　　2.3.4　水文地质条件 ··· 25

　　　　2.3.5　滑坡变形演化特征分析 ·· 25

　　2.4　本章小结 ·· 27

　　参考文献 ·· 28

第3章　滑坡成因机制与运动过程 ·· 30

　　3.1　白格"10·10"滑坡 ·· 31

　　　　3.1.1　源区 ·· 31

3.1.2 堆积区 ·········· 35

3.1.3 岸坡变形历史与滑坡机制 ·········· 39

3.1.4 运动过程 ·········· 41

3.1.5 滑坡速度估算 ·········· 43

3.2 白格"11·3"滑坡 ·········· 44

3.2.1 源区 ·········· 44

3.2.2 堆积区 ·········· 48

3.2.3 滑坡机制 ·········· 50

3.3 本章小结 ·········· 50

参考文献 ·········· 51

第4章 堰塞湖诱发灾害 ·········· 52

4.1 白格"10·10"滑坡堰塞湖淹没与塌岸灾害 ·········· 52

4.1.1 淹没过程 ·········· 52

4.1.2 临近波罗乡的淹没灾害与塌岸 ·········· 53

4.1.3 省道S201沿途淹没灾害与塌岸 ·········· 56

4.2 白格"11·3"滑坡堰塞湖淹没与塌岸灾害 ·········· 57

4.2.1 淹没过程 ·········· 57

4.2.2 水位上升过程中的淹没灾害 ·········· 59

4.2.3 最高水位淹没灾害 ·········· 60

4.2.4 水位快速消落诱发的灾害 ·········· 63

4.3 本章小结 ·········· 66

参考文献 ·········· 66

第5章 堰塞坝溃决洪水灾害 ·········· 67

5.1 堰塞坝堆积体结构特征 ·········· 67

5.2 堰塞坝溃决洪水演进过程 ·········· 70

5.2.1 白格"10·10"滑坡堰塞坝溃决洪水演进过程 ·········· 70

5.2.2 白格"11·3"滑坡堰塞坝溃决洪水演进过程 ·········· 71

5.3 溃决洪水灾害调查概况 ·········· 73

5.4 在建水电站的水毁损失 ·········· 76

5.5 沿江桥梁水毁损失 ·········· 79

5.6 沿江村镇水毁损失 ·········· 88

5.6.1 巴塘县至奔子栏镇 ·········· 88

5.6.2 奔子栏镇至石鼓镇 ·········· 91

5.6.3 梨园水库 ·········· 92

5.7 本章小结 ·········· 94

参考文献 ……………………………………………………… 94

第 6 章　裂缝区监测与危险性评估 ………………………… 96

6.1　裂缝区演变过程 ……………………………………… 96

6.2　InSAR 监测与成果分析 ……………………………… 99

6.2.1　监测原理 ……………………………………… 99

6.2.2　监测结果与分析 …………………………… 104

6.3　内观监测与成果分析 ……………………………… 108

6.3.1　监测仪器与布置 …………………………… 108

6.3.2　降雨与渗压监测 …………………………… 110

6.3.3　深部变形分析 ……………………………… 110

6.3.4　剪切带位移趋势分析 ……………………… 115

6.3.5　微震监测初步分析 ………………………… 118

6.4　裂缝区危险性分析 ………………………………… 119

6.4.1　裂缝区的发展趋势 ………………………… 119

6.4.2　再次堵江危险性评估 ……………………… 120

6.5　本章小结 …………………………………………… 123

参考文献 …………………………………………………… 124

第 7 章　结论与展望 ……………………………………… 125

7.1　结论 ………………………………………………… 125

7.2　展望 ………………………………………………… 127

附录 A　白格滑坡正射影像与地形图 …………………… 129

附录 B　作者团队提交给政府的咨询报告 ……………… 135

B.1　西藏自治区江达县白格滑坡形成机制与运动过程分析 … 135

B.1.1　简介 ………………………………………… 135

B.1.2　滑坡现场调查 ……………………………… 135

B.1.3　滑坡成因机制与过程分析 ………………… 140

B.1.4　进一步工作建议 …………………………… 142

B.2　西藏自治区江达县白格滑坡形成机制与运动过程之再分析 … 142

B.2.1　简介 ………………………………………… 142

B.2.2　11 月 3 日滑坡后的变化情况 …………… 143

B.2.3　牵引区变形机制讨论 ……………………… 149

B.2.4　小结与进一步工作建议 …………………… 149

B.3　西藏自治区江达县白格滑坡现状与潜在问题 ……… 151

B.3.1　简介 ………………………………………… 151

B.3.2　白格 "11·3" 滑坡堰塞坝溃决后的变化情况 … 151

    B.3.3　牵引区变形趋势讨论 ·························· 154

    B.3.4　小结与进一步工作建议 ····················· 154

  B.4　西藏自治区江达县白格滑坡现状与潜在问题之二 ········· 155

    B.4.1　简介 ····························· 155

    B.4.2　白格滑坡的现状 ························· 156

    B.4.3　存在的问题 ·························· 159

    B.4.4　建议 ····························· 159

  B.5　西藏自治区江达县白格滑坡后缘裂缝区风险与应急建议 ····· 160

    B.5.1　简介 ····························· 160

    B.5.2　裂缝区内观监测成果 ······················ 161

    B.5.3　裂缝区风险分析 ························· 165

    B.5.4　应急对策建议 ·························· 165

  B.6　西藏自治区江达县白格滑坡后缘裂缝区现状与建议 ········ 167

    B.6.1　简介 ····························· 167

    B.6.2　2020 年 8 月裂缝区现状 ···················· 168

    B.6.3　贡则寺相关建筑墙面开裂问题 ·················· 171

    B.6.4　对策与建议 ·························· 173

    B.6.5　协助申请 ··························· 173

附录 C　西藏自治区江达县白格滑坡调查纪行 ············· 175

  C.1　前言 ······························· 175

  C.2　前往江达县同普乡 ·························· 175

  C.3　解决通行证问题与波罗乡调查 ···················· 177

  C.4　白格滑坡坝调查 ··························· 178

  C.5　白格滑坡后缘调查 ·························· 180

  C.6　再进白格 ····························· 184

  C.7　小结与致谢 ···························· 188

第 1 章

绪　论

1.1　川西滑坡堵江事件概述

四川西部简称川西，位于青藏高原东南缘，该区在青藏高原的构造隆升与流水下切作用下，自西至东发育有金沙江、雅砻江、大渡河和岷江四条主要河流。作为河谷地貌自然演变的典型剥蚀、沉积形式，堵江滑坡在这四条河流中的河谷地带十分发育。

几起影响较大的堵江滑坡事件按时间顺序简述如下。

(1)金沙江马湖地震滑坡[1,2]。马湖地震的时间是 1216 年 3 月 17 日，震级 7级，距今已经超过 800 年，可能是四川最早有历史记录的滑坡堵江事件。据《宋史·宁宗纪》载[1]："嘉定九年二月辛亥，东西四川地大震，三月乙卯又震；甲子又震；马湖夷界山崩八十里，江水不通，丁卯又震；壬申又震。"[1]上述历史记录描述的是金沙江下游四川省雷波县马湖段的滑坡堵江情况，向家坝水库蓄水前谷米乡上游关村滑坡对岸尚有部分遗迹(图 1.1)，只是尚未经证实是否与此次地震

图 1.1　马湖地震滑坡堵江遗迹

下部为三叠系飞仙关组砂岩，上部为胶结良好的二叠系栖霞组与茅口组灰岩碎屑，为左岸过江物质

相关。马湖是滑坡堵江形成的堰塞湖，崔玉龙等曾详细调查过马湖滑坡[2]，发现滑坡坝主要物质为二叠系栖霞组和茅口组灰岩与峨眉山组玄武岩，范围上自马湖北岸，高程约 1150m，下至现代金沙江河床，高程约 320m。该滑坡坝是多期滑坡的产物，最早一期年代为 (46390 ± 2570) a BP（^{36}CL 测年），最晚一期年代为 (935 ± 30) a BP（^{14}C 测年），与马湖地震相当，即现代马湖最终成型于 1216 年。

(2) 大渡河摩岗岭滑坡[3-6]。由康定地震诱发形成，时间是 1786 年 6 月 1 日（清乾隆五十一年五月戊申），滑坡区地震烈度达Ⅸ度。滑坡区地层为澄江期—晋宁期康定杂岩，岩性主要为花岗岩、闪长岩，局部发育辉绿岩脉。这次地震灾情十分严重，康定城几乎完全摧毁，滑坡堰塞大渡河达 9 日之久，滑坡坝溃决导致洪水在下游酿成巨大水患，至湖北宜昌才渐渐平息，下游沿岸人员伤亡达 10 万之众[6]。这可能是有史以来最严重的溃决洪水伤亡事件。据我们考证，滑坡地点在泸定县得妥镇大渡河大桥上游约 1.3km 处、大渡河右岸。得妥镇发现的"铁庄庙碑"（图 1.2）记载了这起滑坡堵江事件，"乾隆伍(五)十一年，大限(陷)地动，山崩石立(裂)，作山一皮(匹)，今(金)洞子节(截)水九日，五月十四，鸡明(鸣)出水"，括号中的字为江在雄先生的解读[4]。

图 1.2 铁庄庙碑
现收藏于泸定县地震办公室

(3) 金沙江石膏地滑坡。源区位于金沙江右岸、云南省巧家县城南约 8km，左岸的四川省会东县大崇乡小田村仍保留有滑坡堆积残体，岩性主要为二叠系栖霞组与茅口组灰岩。该滑坡在清光绪《东川府志》和民国《巧家县志》均有记载，"光绪六年三月初九(1880 年 4 月 17 日)，巧家厅石膏地山崩，先是于更尽后，忽吼声如雷，夜半山顶劈开，崩于对岸四川界小田坝，平地起坵，压毙村民数十人。金江断流，逆溢百余里，三日始行冲开，乃归故道"。小田村观音庙的"滇山崩倒"碑也有类似记载[7]。该滑坡与地震无关。会东县人民政府于 2016 年 12 月 1 日将其列为县级文物保护单位，并立有"大崇镇滇山入川遗址"碑。

(4) 岷江上游的叠溪地震滑坡群[8-10]。由叠溪 7.5 级大地震产生，时间为 1933 年 8 月 25 日 15:50:30，震中烈度达到Ⅹ度，岩性主要为志留系和泥盆系石英片岩、云母片岩。地震诱发的滑坡群形成了十余个堰塞湖(海子)，其中在岷江干流的 3 个"海子"规模最大，从北到南依次是大海子、小海子和叠溪海子。地震后第 45 天(1933 年 10 月 9 日)叠溪海子溃决，洪水汹涌而下，形成严重的次生水灾，又造成至少 2500 人死亡。此次地震灾害共造成 6865 人死亡，1925 人受伤，房屋倒塌 5180 间。大海子和小海子至今遗存，滑坡区小海子现已开发为装机容量达 180MW 的水电站。

(5)白泥洞滑坡[11]。位于金沙江左岸，会理县新发乡铜厂村(图1.3)，滑坡发生时间是1935年12月22日中午12时左右。滑坡形成的高速碎屑流造成其下游的沙坝沟和上、下沙坝三个村的30余户村民被埋，金沙江断流3天，碎屑流形成的尘土飞扬达几公里，黄家村一带屋顶瓦面积灰厚约10cm。滑坡后缘高程约2360m，前缘高程880m，宽约885m，估算残余方量大于$1×10^8m^3$。滑坡基岩为前震旦系天宝山组千枚岩、板岩等。

图1.3 白泥洞滑坡

(6)雅砻江唐古栋滑坡[12-15]。滑坡地点发生于雅江县孜河乡雨日村，时间是1967年6月8日早晨8:00，失稳方量约$6800×10^4m^3$。滑坡区地层岩性为上三叠统侏倭组变质砂岩与印支期—燕山期侵入的花岗伟晶岩脉，逆向坡。表层卸荷岩体发生滑动后，堰塞雅砻江，形成一高度为175m(右岸)至335m(左岸)的滑坡坝。雅砻江堰塞达9昼夜，堰塞湖壅高水位高程达2585m，回水53km，库容$6.74×10^8m^3$。1967年6月17日8:00漫顶溃决，8:30溃口宽约数米泄流，12:00后溃决加快，14:00~15:00过水量最大，溃口宽达150m左右，14:30最大溃坝流量57000m³/s，至20:00下降到1900m³/s，溃坝过程基本结束。整个溃坝历时12小时，溃坝洪水总量$6.57×10^8m^3$。坝下游洪水位陡涨到50.4m。溃坝洪水影响延伸至1730km的重庆寸滩水文站，水位上涨1.54m。

上述滑坡事件在四条河流地貌演变产生的滑坡堵江事件中仅仅是沧海一粟。一方面四条河流均位于边远地区，人口稀疏，历史滑坡记录不全；另一方面还存在史前滑坡堵江事件。

朱明先[16]列举了石膏地滑坡以来金沙江的8次断流事件，其中就包括鲁车渡一带的白泥洞滑坡，据此将白泥洞滑坡时间界定为1935年12月22日。朱明先提到的一次历时较长的金沙江断流事件，目前尚未找到对应的滑坡堵江地点。文中写道，1877年，《绥江县志·卷一》以《金沙江之涸》的标题记述："清光绪三年二月二十六日，江水陡落数丈。次日更落，河面仅如小溪，浅处可涉。河底现出泥沙，埋没金、银、铜、铁各器物甚伙。三月初九日晨，洪涛骤至，超过迹数丈，泛若龙潭，如夏季水势。沿江拾财物者奔避不及，多被水漂没。事后遍访上流阻滞原因与地点，云、川两境俱不得详，然皆同时涨落。疑山崩水阻必在西陲荒远之地矣。"

近20年来随着四条河流水电开发，史前滑坡堵江遗迹在四条河流中均有发现[17-32]。与前述案例不同的是，很多遗迹显示堵江滑坡规模巨大、溃决洪水严重，或者河流堰塞历史悠久。据论证[32]，金沙江虎跳峡下游大具盆地沉积的厚度可达100~200m的碎屑堆积是滑坡堰塞湖溃决洪水堆积。而湖相沉积物测年结果表明，金沙江下游的白马口滑坡堰塞湖存在年限接近4600年(7500~12100a BP)[30]。

总之，川西四条河流的滑坡堵江事件具有数量多、灾害链效应突出等特点。

1.2　滑坡堵江事件研究进展

纵观国内外滑坡堵江事件研究成果，案例研究仍然是主旋律，具体包括滑坡堵江案例的辨识、滑坡与滑坡坝的形成机制、滑坡坝溃决机制与溃坝洪水演进过程分析、滑坡坝应急处置与利用等。由于地质条件的复杂性与多变性，统计分析方法在案例研究中得到广泛应用，国内外大量学者试图通过历史案例资料的统计分析，找出滑坡堵江事件的一般规律。

美国地质调查局(United States Geological Survey，USGS)的 Costa 和 Schuster[33,34]自20世纪70年代开始滑坡堵江事件研究工作，80年代开始收集全球案例，至1991年共编录全球463起有历史记录的滑坡堵江事件，其中中国案例为48起。中国科学院成都山地灾害与环境研究所卢螽櫵[35]在国内较早开展了滑坡堵江事件研究，收录案例13起，并界定了研究涉及的相关基本概念。柴贺军等[36-41]将案例拓展到147起，系统地分析了滑坡堵江事件的类型、形成条件与分布特征等。相关概念引述如下。

(1)滑坡堵江事件：凡斜坡或边坡岩土体因崩塌、滑坡及其转化为泥石流而造成江河堵塞和回水的现象，包括完全堵江与不完全堵江两类。所谓完全堵江是指滑坡堵断江河水体，使下游断流，上游积水成湖；不完全堵江则是失稳坡体进入河床或导致河床上拱，使过流断面的宽度或深度明显变小，上游形成壅水。

(2)堵江历时：滑坡坝从形成到溃决，或江河水流挟带固体物质将堰塞湖淤满的这段时间，包括短暂堵江和长期堵江两类。短暂堵江的历时小于1年，否则就叫长期堵江。前述的马湖地震和叠溪大海子、小海子就属于长期堵江，而摩岗岭、石膏地、白泥洞等滑坡形成的堰塞湖则属于短暂堵江。

(3)滑坡堵江事件的环境效应:由滑坡堵江造成的不良地质环境,滑坡运动造成的破坏,入江时形成的涌浪、滩险,堰塞湖的淹没及水位升降变化引起的岸坡变形破坏,天然堆石坝突然溃决导致的次生洪灾,冲刷、淤积等对生态环境的影响等。

柴贺军等[36]统计的中国147起堵江事件基本上有历史记录,绝大部分存续时间不超过一个水文年。上述数字可以说仅仅是沧海一粟,仅2008年的汶川地震诱发形成的滑坡坝,崔鹏等[42]给出的数量是257座,而范宣梅等[43]遥感识别的数量是828座。这些滑坡坝及其灾情,特别是造成广泛社会影响的汶川地震唐家山滑坡[44]和2014年鲁甸地震红石岩滑坡[45]堵江事件及其环境效应,客观上推动了针对滑坡堵江问题的研究。滑坡坝及其溃坝问题研究备受政府与学术界关注,国家自然科学基金、国家重点研发计划等均列有滑坡坝(堰塞湖)专项科研课题。2009年发布了两部堰塞湖应急处置行业规范,即《堰塞湖风险等级划分标准》(SL 450—2009)和《堰塞湖应急处置技术导则》(SL 451—2009)。近年来国内已有多部专著出版[46-49],特别是刘宁等撰写的专著《堰塞湖及其风险控制》内容全面,不完全局限于滑坡堰塞湖,基本上概括了堰塞湖理论研究与防灾减灾实践的最新进展。

年廷凯等[50]系统总结了滑坡坝稳定性评价方法及灾害链效应,包括滑坡坝形成、稳定和溃决等涉及的方方面面,并以历史数据为基础,基于1328个案例,建立了考虑坝长、坝宽和堰塞湖库容的滑坡坝稳定性快速评价经验公式。该公式主要利用几何参数对滑坡坝的长期稳定性评估进行了探索,而若用于应急评估,滑坡坝结构特征是必须考虑的基本因素。滑坡坝类似土石坝,但是性质极不均匀,同时没有防渗和泄洪设施,极易出现漫坝、管涌或坝坡失稳等形式的破坏,这是绝大部分滑坡坝存续时间很难超过一个水文年的原因所在。溃坝洪水次生灾害产生的人员伤亡和社会经济损失也往往最为严重,1786年的大渡河摩岗岭滑坡坝溃决和1933年的叠溪海子溃决就是很有代表性的案例,致使溃决洪水估算成为早期滑坡坝研究最为关注的重点。

近年的研究与实践进展在如下几个方面表现较为突出。

(1)研究案例的积累,提高了滑坡堵江事件及其灾害的认识深度。

(2)数值模拟技术进步很快、应用广泛。包括滑坡运动、涌浪与堵江过程模拟,溃口演变与洪水演进模拟等,这些模拟均涉及多相耦合问题。

(3)勘测技术、应急响应与处置技术进步很快。无人机航测、遥感解译、变形监测、应急通信保障和应急组织协调是进步较快的几个方面。从2008年的汶川地震至2018年的白格滑坡,这些技术进步十分突出。

滑坡堵江灾害问题涉及滑坡形成-堵江筑坝-溃坝洪水-级联效应等多个环节,

是一个连续过程。从灾害防控角度，研究还需要在如下几个方面取得突破。

(1)灾害源早期识别技术与地质研究。无人机航测和各种遥感技术是近年来发展最为迅速的领域，在各种气象与遮挡条件下可实现灾害源的遥感判识，在高山峡谷区灾害源早期识别上具有独特的优势。未来需要在几何分析的基础上与各类物探技术结合实现灾害源物性参数与地下结构特征的判识工作，为地质分析提供参数。地质研究需要解决的难题包括地质参数的快速获取、地质条件孕育规律探索和地质模型建立、灾害预警的时间判据等。

(2)滑坡坝稳定快速调查与评价技术研究。未来需要在滑坡坝结构特征的快速获取、物理力学参数快速评估和稳定性快速评价等方面取得突破。

(3)高精度、快速数值模拟技术研究。虽然滑坡动力学过程模拟、溃决洪水模拟等技术近年发展很快，但是数值模拟精度需要进一步提高，另外也需要进一步考虑与场景模拟结合起来，用虚拟现实技术再现灾害演变的过程，为防灾减灾决策提供技术支持。

(4)应急响应与处置技术及其装备研发。常规通信与处置技术目前在一般地区问题不大，但是在应对类似三江并流区的滑坡堵江灾害方面是个挑战。这些地区往往没有交通，没有常规通信，需要研发应急通信保障技术，以及特种处置技术与装备。

1.3 白格滑坡堵江事件及其灾害调查过程

2018 年 10 月 10 日 22:05:36[51,52]，西藏自治区昌都市江达县波罗乡白格村发生山体滑坡(本书简称白格"10·10"滑坡)，堵塞了金沙江上游干流河段，形成堰塞湖。10 月 13 日 0:45 左右，滑坡坝漫顶溢流后自然泄洪，逐渐冲刷形成泄流槽。11 月 3 日 17:40，白格滑坡后缘再次滑坡(本书简称白格"11·3"滑坡)，堵塞了泄流槽，形成了规模更大的堰塞湖。11 月 8 日晚，相关各方开始在原泄流槽部位人工开挖泄流槽，11 月 12 日 10:50，人工开挖泄流槽开始过流。

白格"10·10"滑坡和白格"11·3"滑坡堵江事件由于应急处置及时、措施得当，不论是滑坡，还是滑坡坝溃决洪水均未造成人员伤亡。但是，根据应急管理部、国家减灾委办公室发布的 2018 年全国自然灾害基本情况分析报告统计[53]，两起事件造成西藏、四川、云南 3 省(自治区)16 个县(市、区)受灾人口达 14.8 万人次，紧急转移安置人口 12.7 万人次。其中白格，"10·10"滑坡影响较小，受灾人口 4.6 万人次，紧急转移安置 4.1 万人次；白格"11·3"滑坡影响较大，受灾人口 10.2 万人次，紧急转移安置 8.6 万人次。

虽然报告[53]中未给出两次事件的直接经济损失，但是据搜狐新闻网 2018 年

11 月 20 日报道[54]，云南省迪庆、丽江、大理等 4 市(自治州)11 个县(市、区)5.4 万人受灾，4.1 万人紧急转移安置；3000 余间房屋倒塌，2.7 万间房屋不同程度损坏；农作物受灾面积 $3.3\times10^3\mathrm{hm}^2$，其中绝收 $1.1\times10^3\mathrm{hm}^2$；直接经济损失 74.3 亿元。另据中国水电水利规划设计总院统计数据，四川省损失约 27 亿元；西藏自治区损失超 30 亿元；金沙江上游在建叶巴滩、巴塘、苏洼龙等水电站工程直接经济损失约 11.88 亿元，梨园等在运水电工程损失 0.64 亿元。可见，此次链生灾害的经济损失极为严重。为此，2018 年 12 月 6 日，财政部、应急管理部向四川省、西藏自治区下拨中央财政特大型地质灾害救灾资金 4.5 亿元，其中四川 2.5 亿元，西藏 2 亿元，用于金沙江白格滑坡、雅鲁藏布江色东普沟泥石流的应急救灾工作，包括灾后人员搜救等应急处置、为避免二次人员伤亡所采取的调查与监测、周边隐患排查、人员紧急疏散转移、排危除险和临时治理措施、现场交通后勤通信保障等[55]。12 月 7 日，财政部、应急管理部向西藏、四川、云南三省(区)下拨中央财政自然灾害生活补助资金 2.6 亿元，主要用于白格"11·3"滑坡堰塞湖灾害受灾群众紧急转移安置、过渡期生活救助、倒损民房恢复重建等受灾群众生活救助需要，确保受灾群众安全温暖过冬和灾区社会稳定[56]。

白格两起滑坡堵江事件后，作者及其所在团队在 2018 年 10 月至 2020 年 4 月，先后多次对滑坡的地质成因及其滑坡坝溃决洪水灾害进行了调查，调查范围北自金沙江上游国道 G317 的岗托大桥，南至梨园水电站。主要调查过程如下。

(1)2018 年 10 月 13~20 日和 2018 年 11 月 7~11 日，白格"10·10"滑坡和白格"11·3"滑坡应急调查，调查过程详见附录 C。

(2)2018 年 12 月 21~29 日，白格滑坡堰塞湖溃坝洪水灾害调查，调查线路自巴塘县至梨园水电站，其中苏洼龙乡至奔子栏镇沿江地区因道路不通，未进行调查。

(3)2019 年 3 月 4~13 日，白格滑坡调查，主要为岗托大桥至巴塘县沿线的淹没与溃决洪水灾害调查。

(4)2019 年 4 月 15~18 日，旭龙水电站坝址至奔子栏镇溃决洪水冲刷灾害调查。

(5)2019 年 6 月 2~7 日，白格滑坡调查。

(6)2019 年 9 月 29 日~10 月 5 日，白格滑坡调查与地形测绘。

(7)2020 年 4 月 4~11 日，白格滑坡调查与变形监测。

除了专门的调查外，2019 年 5~11 月还开展了白格滑坡的内观监测工作。本书是在这些调查与监测工作的基础上总结形成的。

参 考 文 献

[1] 韩德润. 马湖与马湖地震[J]. 中国地震, 1994, 14(1): 97-98.

[2] 崔玉龙, 邓建辉, 戴福初, 等. 基于地貌与运动学特征的古滑坡群成因分析[J]. 四川大学学报(工程科学版), 2015, 47(1): 68-75.

[3] 王新民, 裴锡瑜. 对 1786 年康定—泸定磨西间 7 3/4 级地震的新认识[J]. 中国地震, 1988, (1): 110-117.

[4] 江在雄. 1786年大渡河地震、水患及救灾 康定—泸定磨西地震220周年[J]. 四川地震, 2006, (3): 4-9.

[5] Dai F C, Lee C F, Deng J H, et al. The 1786 earthquake-triggered landslide dam and subsequent dam-break flood on the Dadu River, southwestern China[J]. Geomorphology, 2005, 65(3/4): 205-221.

[6] 楼宝棠. 中国古今地震灾情总汇[M]. 北京：地震出版社, 1996.

[7] 洪时中. 四川省会东县大崇乡小田村"滇山崩倒"碑补记[J]. 四川水力发电, 2014, 33(2): 106.

[8] 党跃武, 洪时中, 李锦清, 等. 川大记忆：校史文献选集第三辑——叠溪地震与四川大学[M]. 成都: 四川大学出版社, 2011.

[9] 洪时中, 徐吉廷, 王克明. 叠溪地震次生水灾的规模、范围、水文参数与分段特征[J]. 四川地震, 2019, (1): 5-11.

[10] 洪时中. 叠溪地震考证与研究的最新进展[J]. 西南交通大学学报, 2014, 49(2): 185-194.

[11] 长江勘测规划设计研究有限责任公司. 金沙江乌东德水电站可行性研究阶段水库影响区范围界定工程地质专题报告[R]. 武汉: 长江勘测规划设计研究有限责任公司, 2010.

[12] Chen Y J, Zhou F, Feng Y, et al. Breach of a naturally embanked dam on Yalong River[J]. Canadian Journal of Civil Engineering, 1992, 19: 811-818.

[13] 冷伦. 雅砻江垮山堵江及溃泄洪水[J]. 水文, 2000, (3): 46-50.

[14] 冷伦, 冷荣梅. 雅砻江垮山洪水和历史的教训[J]. 四川水利, 2002, (2): 42-44.

[15] 肖华波, 王刚, 郑汉淮, 等. 唐古栋滑坡变形破坏机制及岸坡稳定性研究[J]. 长江科学院院报, 2014, 31(11): 76-80.

[16] 朱明先. 金沙江断流浅谈[J]. 地球, 1986, (6): 24.

[17] 王兰生, 王小群, 许向宁, 等. 岷江叠溪古堰塞湖的研究意义[J]. 第四纪研究, 2012, 32(5): 998-1010.

[18] Ma J X, Chen J, Cui Z J, et al. Sedimentary evidence of outburst deposits induced by the Diexi paleolandslide-dammed lake of the upper Minjiang River in China[J]. Quaternary International, 2018, 464: 460-481.

[19] Zhao S Y, Chigira M, Wu X Y. Gigantic rockslides induced by fluvial incision in the Diexi area along the eastern margin of the Tibetan Plateau[J]. Geomorphology, 2019, 338: 27-42.

[20] 邓建辉, 陈菲, 尹虎, 等. 泸定县四湾村滑坡的地质成因与稳定评价[J]. 岩石力学与工程学报, 2007, (10): 1945-1950.

[21] Deng H, Wu L Z, Huang R Q, et al. Formation of the Siwanli ancient landslide in the Dadu River, China[J]. Landslides, 2017, 14: 385-394.

[22] Wang Y S, Wu L Z, Gu J. Process analysis of the Moxi earthquake-induced Lantianwan landslide in the Dadu River, China[J]. Bulletin of Engineering Geology and the Environment, 2019, 78: 4731-4742.

[23] Wu L Z, Deng H, Huang R Q, et al. Evolution of lakes created by landslide dams and the role of dam erosion: A case study of the Jiajun landslide on the Dadu River, China[J]. Quaternary International, 2019, 503: 41-50.

[24] Zhang Y S, Zhao X T, Lan H X, et al. A Pleistocene landslide-dammed lake, Jinsha River, Yunnan, China[J]. Quaternary International, 2011, 233: 72-80.

[25] Chen J, Dai F, Lv T, et al. Holocene landslide-dammed lake deposits in the Upper Jinsha River, SE Tibetan Plateau and their ages[J]. Quaternary International, 2013, 298: 107-113.

[26] Wang P F, Chen J, Dai F C, et al. Chronology of relict lake deposits around the Suwalong paleolandslide in the upper Jinsha River, SE Tibetan Plateau: Implications to Holocene tectonic perturbations[J]. Geomorphology, 2014, 217: 193-203.

[27] 龙维, 陈剑, 王鹏飞, 等. 金沙江上游特米大型古滑坡的成因及古地震参数反分析[J]. 地震研究, 2015, 38(4): 568-575, 697.

[28] 陈剑, 崔之久. 金沙江上游雪隆囊古滑坡堰塞湖溃坝堆积体的发现及其环境与灾害意义[J]. 沉积学报, 2015, 33(2): 275-284.

[29] Chen J, Zhou W, Cui Z J, et al. Formation process of a large paleolandslide-dammed lake at Xuelongnang in the upper Jinsha River, SE Tibetan Plateau: Constraints from OSL and ^{14}C dating[J]. Landslides, 2018, 15: 2399-2412.

[30] Liu W M, Hu K H, Carling P A, et al . The establishment and influence of Baimakou paleo-dam in an upstream reach of the Yangtze River, southeastern margin of the Tibetan Plateau[J]. Geomorphology, 2018, 321: 167-173.

[31] Zhan J W, Chen J P, Zhang W, et al. Mass movements along a rapidly uplifting river valley: An example from the upper Jinsha River, southeast margin of the Tibetan Plateau[J]. Environmental Earth Sciences, 2018, 77 (634): 1-18.

[32] 吴庆龙. 金沙江大具盆地中的巨大洪水沉积[J]. 南京师大学报(自然科学版), 2019, 42(4): 118-123.

[33] Costa J E, Schuster R L. The formation and failure of natural dams[J]. Geological Society of America Bulletin, 1988, 100: 1054-1068.

[34] Costa J E, Schuster R L. Documented historical landslide dams from around the world[R]. Virginia: US Geological Survey Open-file Report 91-239, 1991.

[35] 卢螽槒. 滑坡堵江的基本类型、特征和对策[A]. 滑坡文集(6)[C]. 北京: 中国铁道出版社, 1988.

[36] 柴贺军, 刘汉超, 张倬元. 中国滑坡堵江事件目录[J]. 地质灾害与环境保护, 1995, 6(4): 1-9.

[37] 柴贺军, 刘汉超, 张倬元. 滑坡堵江的基本条件[J]. 地质灾害与环境保护, 1996, (1): 41-46.

[38] 柴贺军, 黄润秋, 刘汉超. 滑坡堵江危险度的分析与评价[J]. 中国地质灾害与防治学报,

1997, (4): 2-8, 16.

[39] 柴贺军, 刘汉超, 张倬元. 中国滑坡堵江的类型及其特点[J]. 成都理工学院学报, 1998, (3): 60-65.

[40] 柴贺军, 刘汉超, 张倬元. 中国堵江滑坡发育分布特征[J]. 山地学报, 2000, (S1): 51-54.

[41] 柴贺军, 刘汉超, 张倬元. 大型崩滑堵江事件及其环境效应研究综述[J]. 地质科技情报, 2000, (2): 87-90.

[42] Cui P, Zhu Y Y, Han Y S, et al. The 12 May Wenchuan earthquake-induced landslide lakes: Distribution and preliminary risk evaluation[J]. Landslides, 2009, 6(3): 209-223.

[43] Fan X M, van Westen C J, Xu Q, et al. Analysis of landslide dams induced by the 2008 Wenchuan earthquake[J]. Journal of Asian Earth Sciences, 2012, 57: 25-37.

[44] 胡卸文, 黄润秋, 施裕兵, 等. 唐家山滑坡堵江机制及堰塞坝溃坝模式分析[J]. 岩石力学与工程学报, 2009, 28(1): 181-189.

[45] 刘建康, 程尊兰, 佘涛. 云南鲁甸红石岩堰塞湖溃坝风险及其影响[J]. 山地学报, 2016, 34(2): 208-215.

[46] 黄诗峰, 李小涛, 谭德宝, 等. 堰塞湖遥感监测评估方法与实践[M]. 北京: 中国水利水电出版社, 2013.

[47] 刘宁, 程尊兰, 崔鹏, 等. 堰塞湖及其风险控制[M]. 北京: 科学出版社, 2015.

[48] 范天印, 汪小刚. 堰塞坝险情特征与应急处置[M]. 北京: 中国水利水电出版社, 2016.

[49] 刘宁, 杨启贵, 陈祖煜. 堰塞湖风险处置[M]. 武汉: 长江出版社, 2016.

[50] 年廷凯, 吴昊, 陈光齐, 等. 堰塞坝稳定性评价方法及灾害链效应研究进展[J]. 岩石力学与工程学报, 2018, 37(8): 1796-1812.

[51] Zhang Z, He S M, Liu W, et al. Source characteristics and dynamics of the October 2018 Baige landslide revealed by broadband seismograms[J]. Landslides, 2019, 16: 777-785.

[52] 邓建辉, 高云建, 余志球, 等. 堰塞金沙江上游的白格滑坡形成机制与过程分析[J]. 工程科学与技术, 2019, 51(1): 9-16.

[53] 刘南江, 费伟. 2018 年全国自然灾害基本情况分析[J]. 中国减灾, 2019, (5): 12-17.

[54] 搜狐新闻. 金沙江白格堰塞湖泄流致大理、丽江、迪庆等 4 市(自治州)11 个县(市、区)5.4 万人受灾, 损失 70 余亿元[EB/OL]. (2018-11-20)[2020-7-5]. https://www.sohu.com/a/276715240_319382.

[55] 搜狐新闻. 白格堰塞湖后续: 财政部、应急管理部向四川和西藏下拨 4.5 亿救灾资金. (2018-12-6)[2020-7-5][EB/OL]. https://www.sohu.com/a/280147899_120047071.

[56] 搜狐新闻. 救助金沙江堰塞湖受灾群众 2.6 亿中央救灾资金下拨[EB/OL]. (2018-12-7)[2020-7-5]. https://www.sohu.com/a/280332030_114988.

第 2 章

滑坡的地质环境条件

本章首先介绍白格滑坡的区域地质与构造活动背景，然后以现场调查为基础，详细分析滑坡形成的工程地质条件，重点讨论构造混杂岩与侵入岩的分布和特征。

2.1　区域地质背景

2.1.1　地理位置

白格滑坡位于西藏自治区昌都市江达县东南部的波罗乡白格村，其后缘顶点地理坐标为东经 98°42′17.98″，北纬 31°4′56.41″(图 2.1)[1]。滑坡发生在金沙江上

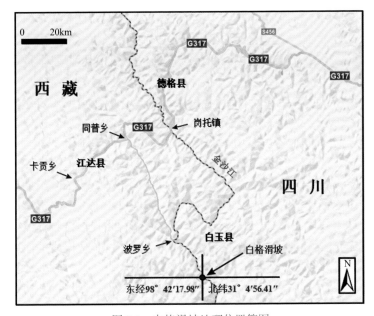

图 2.1　白格滑坡地理位置简图

游干流右岸，行政上隶属于西藏自治区昌都市江达县，左岸为四川省白玉县。滑坡灾害点位于叶巴滩水电站库区，下距坝址约 54km，至波罗乡直线距离约 16km，至白玉县城约 18km。

滑坡发生前有省道 S201（简易公路）连接波罗乡与白格村。滑坡发生后简易公路沿河段被滑坡堰塞湖淹没损毁，2019 年春节期间应急修复，2020 年春节后开始重建。除应急期外交通总体方便。

2.1.2 区域构造地貌特征

白格滑坡区域是印度板块和欧亚板块碰撞、挤压形成青藏高原过程中的重要结合带，历经了横断山脉的剧烈构造抬升以及河流的强烈侵蚀作用，地形起伏陡峭、地表剥蚀强烈。区域地貌上属于典型的高山峡谷区，具有极其鲜明的青藏高原区域构造、地形地貌与地质特征。

2.1.2.1 金沙江缝合带

青藏高原作为世界上最年轻的高原，自 2.4 亿年前印度板块向北漂移，进而不断向欧亚板块下俯冲产生强烈挤压和隆升作用形成了今天的"世界屋脊"。在印度板块和欧亚板块两个碰撞大陆板块衔接的地方会产生宽度较窄的高应变带——板块缝合带[2]，其通常由含有残余洋壳的蛇绿岩混杂堆积和共生的深海相放射虫硅质岩、沉积岩等组成，并叠加了蓝片岩相高度变质作用和强烈的构造变形。青藏高原经历了特提斯洋的形成、发展和消亡等复杂演化，最终在西藏闭合形成了数条缝合带［图 2.2(a)］，自北到南分别为西金乌兰-金沙江板块缝合带、龙木错-双湖-澜沧江板块缝合带、班公湖-怒江板块缝合带和印度-雅鲁藏布江板块缝合带[3-5]。

白格滑坡堵江灾害点位于西金乌兰-金沙江板块缝合带的东段——金沙江缝合带内［图 2.2(b)］。西金乌兰-金沙江板块缝合带西起西金乌兰湖，往东延伸到四川西部、云南西部后，呈现为雁行状排列的多条分支构造带。东段向南偏转，整体沿金沙江发育并延伸至哀牢山缝合带[6]，将西松潘-甘孜造山带和东羌塘地块分割开来。金沙江洋盆于晚泥盆世至中石炭世期间打开，于二叠纪期间发生俯冲造山[7,8]，在中晚三叠世时金沙江洋盆全部闭合并发生碰撞造山作用，最终特提斯洋于印支运动闭合形成复杂的缝合带[5,9]。金沙江缝合带代表古特提斯南支大洋消亡后残留的洋壳遗迹，其经历多期变质变形，记录了古生代以来的南金沙江洋盆的演化过程及后期逆冲推覆和逆冲剪切作用。

金沙江混杂堆积带宽约 40km，近南北向展布，沿金沙江主断裂呈断片状产出于金沙江蛇绿混杂岩带，其原始序列大都已被破坏而非连续[10]。该蛇绿混杂岩

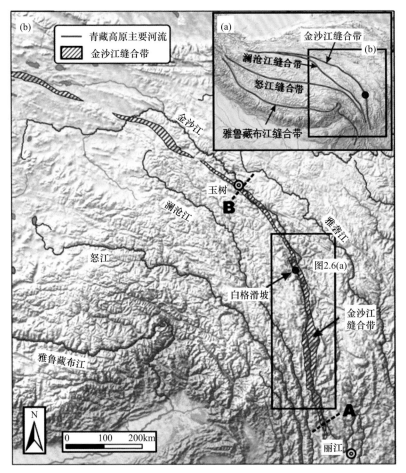

图 2.2　白格滑坡区域构造地貌和河流纵剖面特征

带的岩性组合包括蛇纹石化橄榄岩、辉长岩、辉绿岩、枕状玄武岩、斜长花岗岩岩脉、放射虫硅质岩以及其他独立出露的前泥盆纪—中二叠世变质杂岩体。整个缝合带由外来岩块、基质及后期推覆体组成，其混杂岩块大小不一，无一定层序，主要为大理岩、结晶灰岩、变质砂岩和石英岩，变质程度已达绿片岩相。印支晚期后的逆冲推覆作用使缝合带西侧的雄松群推覆体逆掩覆于混杂岩之上。白格滑坡区即位于该缝合带内。

2.1.2.2　三江并流地区

白格滑坡发生于青藏高原东部三江并流地区上游流域[图 2.2(b)]。该地区三条发源于青藏高原的大江(金沙江、澜沧江、怒江)在西藏、四川、云南三省区交界区域紧密相邻，并列自北向南奔流数百公里，构成了独特的纵向岭谷区[11]，为典型的构造侵蚀地貌。三江并流区段澜沧江与金沙江最短直线距离为 66km，澜沧江与怒江的最短直线距离不到 19km，形成了世界罕见的"江水并流而不交汇"的奇特自然地理景观。新生代初期，广泛分布于川西高原上的高原夷平面与邻侧的四川盆地边缘最高夷平面互相连续，可视为一个统一的原始平面。自上新世末以来，印度板块与欧亚板块大碰撞引发的横断山脉急剧挤压作用导致川西高原和青藏高原急速抬升，使该统一原始平面开始解体，并在急速抬升过程中受到强烈剥蚀作用迅速分解，最终发展为鲜明的深切峡谷[12]。因此，三江并流地区不仅记录了特提斯洋演化和消亡、板块碰撞历史，而且还是造山运动致使横断山脉形成的地质演化历史的典型代表区域和关键地段。

白格滑坡灾害点所在的金沙江发源于青海唐古拉山主峰各拉丹东山，河流流经治多县、曲麻莱县、称多县，于玉树州直门达以下始称金沙江。金沙江的发育大部分受深大断裂控制，上游由西北向东南延伸，至邓柯附近转为近南北向[图2.2(b)]，进入三江并流区，位于三江流域的东侧。金沙江干流在丽江至玉树段的 800km 水平距离内河流高程由 1800m 上升至 3400m，所在流域河谷深切作用显著，局部地形起伏度自下游到上游由 2800m 降至 2000m，最高值超过 3000m（邻域半径为 10km，见图 2.3）。研究表明，局部地形起伏度（图 2.4）能够反映区域构造抬升的剧烈程度，而局部地形起伏度大于 1000m 即可称为活跃构造山岳带[13]。因此，金沙江在丽江—玉树段三江并流区河段是对构造地貌演化极其敏感的区域。在如此地质环境下该流域成了滑坡十分发育的区域，也是最能反映青藏高原地质环境特点的地区之一。

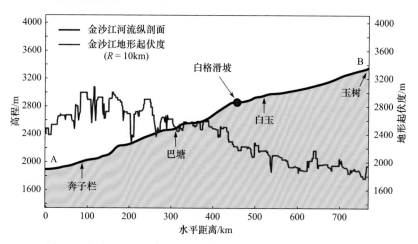

图 2.3　金沙江干流纵剖面图及其地形起伏度（邻域半径为 10km）

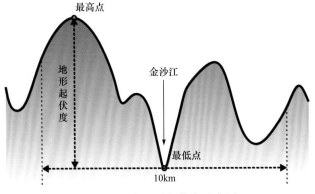

图 2.4　局部地形起伏度示意图

2.1.3　区域气象和水文特征

2.1.3.1　气象

　　白格滑坡所在昌都市江达县属高原寒温带半湿润气候区。总体气候特征为旱、雨季分明，雨热同期，冬季严寒，夏无酷暑，日温差大，日照充沛，春季多大风。江达县地处高山峡谷地带，区内气温随海拔的升高而逐渐递减。一年中，各月平均气温变化较大，县域年均气温 7.5℃，比我国东部同纬度地区平均温度低 8～9℃，通常 1 月为最冷月，月均温度为–5℃，7 月为最热月，月均温度为 16.4℃。江达县平均年降水量为 650mm，最大年降水量为 1067.7mm，最大月降水量为 229.5mm。年内降水分布不均，干湿季节分明。江达县波罗乡降水量数据显示(图 2.5)，一

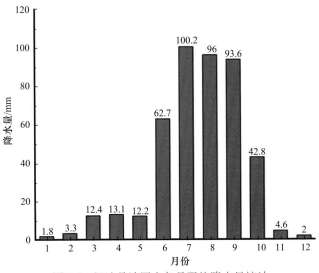

图 2.5　江达县波罗乡各月平均降水量统计

般 10 月到次年 5 月为旱季，降水稀少，降水量约占全年降水量的 20.7%。6~9
月为雨季，降水量约占全年降水量的 79.3%。

该县总体上雨量较为贫乏，但由于降水量时空分布不均匀，局地暴雨现象时
有发生，成为泥石流、滑坡、崩塌等地质灾害的重要诱发因素。但白格滑坡前该
区域并无明显连续暴雨。此外，江达县日照充足，年日照时数达 2283h，年太阳
辐射为 1480kW/m²，日照时数和太阳辐射值约是成都地区的 2 倍，长时间、大强
度的日照以及较大的昼夜温差可引起岩石的强烈物理风化作用。

2.1.3.2 水文

白格滑坡所在水系为金沙江流域上游，灾害点源区位于金沙江干流岗托—巴
塘河段右岸。金沙江在区内自北向南穿越江达县东边界线，河谷地形呈 V 字形高
山峡谷特征，纵坡降大，水流湍急，河流下蚀作用强烈，河道已嵌入基岩。金
沙江支流包含多曲、字曲、藏曲等，主要发源于德登乡，流程一般为 60~80km，
除区域性干流外，一般支流水量有明显的季节变化，且与降水量呈明显的正相
关关系，支流河谷相对平缓宽阔的区域是该地区居民的主要分布地带。白格滑
坡所处金沙江河段多年平均流量为 745m³/s，多年平均径流量为 235 亿 m³[14]。

2.2 活动构造和地震

2.2.1 金沙江断裂带

新生代以来，印度板块和欧亚大陆的碰撞以及青藏高原的剧烈隆升使川滇地
块向东侧挤出，形成金沙江断裂带在内的碰撞结合带[15,16]。作为金沙江结合带的
主边界构造，金沙江断裂在历史上经历了不同时期、不同性质的多次构造运动：
在印支期前断裂主要受挤压，表现为缝合特征，之后便向走滑拉分转变，在喜马
拉雅期遭受了强烈压扭变形。

金沙江断裂带平面几何结构异常复杂，其整体以北东向的巴塘断裂和北西向
的德钦-中甸断裂为界，断裂带可大致分为北、中、南三段。白格滑坡堵江发生在
几何结构十分复杂的近南北走向的弧形断裂——金沙江断裂带北段[图 2.2(b)]。该
段由于受到多期构造运动的影响，断裂带区域构造形迹较为杂乱。金沙江断裂带
北段主体走向为北北西向，随之发育的分支断裂繁多[见图 2.6(a)，位置见
图 2.2(b)]。根据白格滑坡区域地层分布状况、构造和岩层变质程度等可鉴定出 3
条主要的深切地壳的大型断裂(由东到西分别为岗托-义敦断裂、金沙江主断裂带
和波罗-通麦断裂)[图 2.6(b)]，其余分支断裂均可视为这 3 条大型断裂的伴生
断裂[17]。

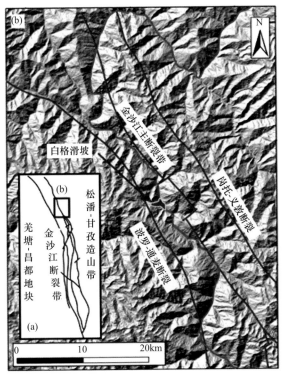

图 2.6　金沙江断裂带北段构造图(修改自文献[18])

2.2.2　金沙江断裂带北段活动性和地震特征

　　金沙江主断裂整体走向为北北西,倾向为南南西,其平面几何形状不规则。金沙江断裂带自始新世开始活动,晚新生代以来的活动性主要表现为东西向的强烈挤压。目前,断裂带的活动形式略有改变,研究区段内表现出具有强烈挤压性质的右旋走滑,并扰动地表全新世(Q_4)坡残积层[19]。断裂东盘为上三叠统下逆松多组(T_3x)砂质板岩,岩层整体向东倾,西盘为元古宇雄松群片麻岩、大理岩,断层发育于两套地层之中。该断裂东支与巴塘断裂斜接端部为构造应力最集中之处,基岩断层剖面出露处顶部的全新世坡面沉积物被明显错断和弯曲,沉积年龄约为 30ka[20],具有明显的更新世构造活动迹象。波罗-通麦断裂为金沙江主断裂的分支断裂,主要发育在阿杜拉组千枚岩和洞卡组灰岩之中。断裂可见明显的线性地貌沿河谷西侧延伸至波罗乡一带,有明显左旋位错发育在波罗乡西侧,为典型走滑断层构造地貌。断层构造活动使坡积物被错动约 2m,沉积年龄约为 17.5ka,说明断裂具有更新世构造活动性(隆升速率约为 0.05mm/a),但不具有全新世强活动断裂的性质[20]。岗托-义敦断裂为金沙江主断裂的分支,倾向为南西西,走向为北北西,与金沙江主断裂近似平行,主要发育在上三叠统下逆松多组砂岩、板岩中。该断裂线性特征不明显，无构造异常，且出露断层剖面上物质已固结成岩，其第四系以来没有构造活动性证据[20]，活动时代可能为Q_1—Q_2。

金沙江断裂带有多次大地震发生[21]，但多集中发生于断裂带的中段和南段，而白格滑坡所在的金沙江断裂带北段目前并无大地震发生的历史记录。此外，据四川省地震局统计，波罗地区的最大震级M_s为5.0～5.9，基本地震烈度为Ⅶ度。2013年8月12日5:23，邻近的左贡县与芒康县交界处（北纬30.0°、东经98.0°）曾发生6.1级地震。而白格滑坡堵江前此区域无显著地震活动。

2.3　滑坡区地质环境

2.3.1　地形地貌

白格滑坡堵江灾害点位于金沙江上游右岸凹岸处，发生于走向约为16°的近南北山脊的东侧自然斜坡，山脊由南至北高程逐渐降低，其西侧为一侵蚀支沟。白格滑坡堵江位置河床高程约为2880m，滑坡后缘拔河高度约为840m，剪出口高程约为2980m，属典型的高剪出口滑坡（图2.7）。白格滑坡所在斜坡的滑前、滑后地形地貌特征显示，滑坡所在斜坡在高程3500m左右和3100m左右处分别

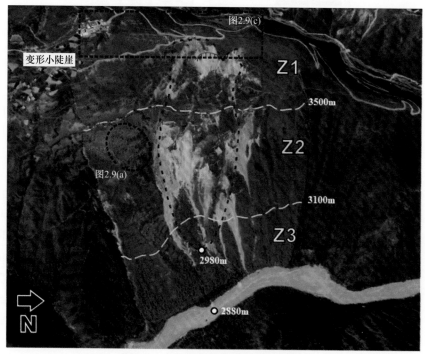

图2.7　白格滑坡地形地貌总体特征

发育两级地貌平台。两级平台形态规整，并在顺坡向发育 2 条平行的浅小冲沟，无双沟同源现象，因此应为古侵蚀平台。两级平台将斜坡从上至下分为三个区域（Z1、Z2、Z3）[图 2.7]。

　　以两级平台为界的三个区域平均坡度自上而下分别约为 26.9°、30.8°、31.2°[图 2.8(a)]，Z2 和 Z3 区域整体坡度无显著差异，Z1 区域坡度明显更缓。上缓下陡的典型河谷斜坡形态反映了河流对斜坡的逐级侵蚀改造作用，而斜坡中下部相对更陡的地形为斜坡变形转化为滑坡提供了更有利的临空条件。滑坡范围以北 300～400m 以及以南 400～600m 发育两条坡面冲沟，推测是由斜坡整体变形的边界控制形成，称为变形区域。整体变形区域和滑坡范围的滑前坡向统计显示两者趋势性基本一致，倾向为北东东，滑坡范围内的滑前坡向比整个变形区域坡向略微靠东[图 2.8(b)]，说明滑坡范围的斜坡在滑前的缓慢变形就有朝南东东方向的趋势，此现象与滑坡发生的实际运动方向一致。

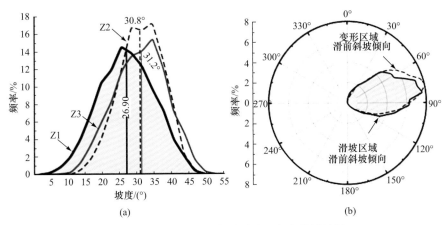

图 2.8　白格滑坡所在斜坡坡度和倾向统计特征

(a)Z1、Z2 和 Z3 区域坡度统计；(b)滑前区域倾向统计

　　此外，滑坡所在斜坡的南侧上半部分在白格滑坡发生前就已发育大量高差为 1m 至数米的小型陡崖[见图 2.9(a)，位置见图 2.7]。陡崖面的走向大体与斜坡面走向平行，有研究表明此类小型陡崖通常是斜坡发生长时间缓慢深层重力变形在地表产生的微地貌表征[22,23]，并且通过遥感影像和地形数据解译工作可发现白格滑坡范围内的滑前地貌也有类似小型陡崖的发育。由此可见，白格滑坡所在斜坡在 2018 年滑动前就已经经历了往河谷内长期发展的深层重力变形。另外，在 2018 年白格滑坡发生两次堵江事件后在滑坡后缘产生了大量变形裂缝[图 2.9(b)]，并且在白格滑坡发生前，部分变形裂缝有明显集中于变形小陡崖处的趋势[图 2.9(c)]。

图 2.9　斜坡变形小陡崖和变形裂缝特征

2.3.2 地层岩性

滑坡周边区域出露的地层岩性按昌都-江达地层分区主要有上三叠统金古组（T_3jn）灰岩带，元古宇雄松群斜长片麻岩（$Ptxn^a$），燕山期戈坡超单元（$\eta\gamma_5^{2b}$）和则巴超单元（$\gamma\delta_5^{2a}$）的花岗岩组，上三叠统下逆松多组的碳酸盐岩和碎屑岩段（按义敦-巴塘地层分区），并在白格滑坡后缘的波罗-木协断裂（波罗-通麦断裂北段）发育有海西期金沙江超镁铁质和蛇纹岩带（$\varphi\omega_4$）[18]，见图 2.10。白格滑坡区的地层岩性受缝合带延伸状态影响明显，缝合带内蛇纹岩及其他地层的走向展布与缝合带整体走向一致。滑坡区内金沙江干流发育的深切河谷下切地层主要为雄松群斜长片麻岩组，河流位于金沙江主断裂带西南侧上盘、波罗-通麦断裂东北侧下盘（图 2.6，图 2.10）。

白格滑坡后缘区域出露地层岩性主要为元古宇雄松群片麻岩组和海西期蛇纹岩带，其中片麻岩组片理产状 195°～260° ∠36°～55°，并主要发育有 60°～80° ∠75°～85°、100°～115° ∠80°两组结构面。斜坡后缘距离波罗-木协断裂仅数百米，在该断裂影响下片麻岩层蛇纹石化蚀变作用显著[图 2.11（a）]，且风化程度极高，为全风化岩层。部分岩层有强烈糜棱岩化现象，岩体较破碎，结构面十分发育。蛇纹岩带沿波罗-木协断裂呈串珠状排列，主要发育在斜坡中上部，在斜坡顶部结晶良好，呈墨绿色[图 2.11（b）]。斜坡中部片麻岩风化程度比上部稍弱，为强风化岩层，且夹有碳质板岩，并在部分碳质岩层中观察到有经受水岩作用过程的

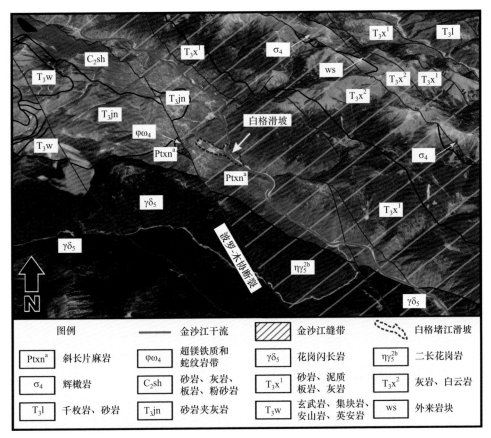

图 2.10　白格滑坡堵江区域地层岩性分布图

现象，致使岩层中的原生矿物发生化学风化作用形成矾类矿物[图 2.11(c)]。此外，在斜坡区域岩层露头野外调查中发现，斜坡中部片麻岩层中还偶夹大理岩[图 2.11(d)]，缝合带混杂岩块特征较为典型。斜坡下部为中风化片麻岩，岩石强度相对斜坡中部和上部岩层较强，风化程度相对较弱。白格"10·10"滑坡

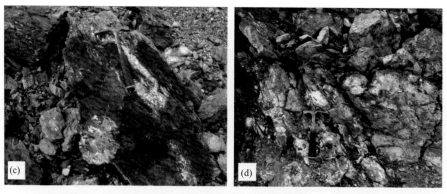

图 2.11　白格滑坡地层岩性野外调查

源区主要为斜坡的中部以上部分,即强风化和全风化雄松群片麻岩组。花岗斑岩在滑坡源区也十分常见,弱风化且没有变质,结合周边酸性岩侵入情况,推测侵入时期为燕山期。花岗斑岩沿片麻理侵入,厚度一般不足 1m,但是往北厚度有所增加,局部可超过 10m。花岗斑岩的分布总体上位于剖面线 1-1′以北(图 2.12),不连续。

　　经对滑坡及邻近区域的详细野外地质调查发现,斜坡两级平台的形成与滑坡所在斜坡的地层岩性条件紧密相关,因此可将斜坡整体岩性以三级平台(PF1、PF2、PF3)为界划分为三个岩性概化区域[图 2.12(a)]。斜坡整体以雄松群片麻岩为主,片理面产状总趋势为223°∠47°[图 2.12(b)],倾向于斜坡内。其中 Z1 区域主要为全风化蛇纹石化片麻岩夹蛇纹岩,Z2 区域为强风化片麻岩夹碳质板岩以及局部花岗斑岩和大理岩,Z3 区域为中风化片麻岩,局部偶见碳质板岩(图 2.13)。

　　由此可见,斜坡岩石风化程度自上而下逐渐减弱。这既与构造活动有关,也与斜坡的岩性分布、河谷演变过程中岸坡岩体卸荷作用、暴露时间等有关。构造活动也对该区影响最深,一方面,在金沙江缝合带的影响下,混杂岩地区岩层经历了强烈的构造活动而更加破碎;另一方面,白格滑坡所在斜坡的地形地貌、地层岩性分布应主要由滑坡后缘呈北北西-南南东向展布的波罗-木协断裂控制[图 2.10,图 2.12(a)]。Z1 区域靠近波罗-木协断裂(约 0.55km),受超基性侵入岩影响岩石蚀变严重,抗风化能力弱,同时在河谷演变过程中出露最早,因此风化程度最高。Z2 区域岩层由于含碳质板岩夹层,其比 Z3 区域岩层对化学风化作用更加敏感。如此地层岩性和岩石风化的差异使该斜坡在持续性河流下切过程中经坡面剥蚀作用形成了如今的斜坡地形条件,也控制了斜坡中部、上部更强烈的长期变形作用以及白格滑坡的高剪出口发育特性(剪出口离河高度约100m,见图 2.13)。

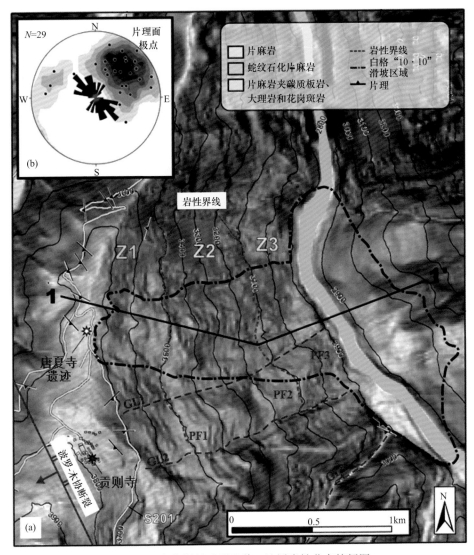

图 2.12 白格滑坡地形地貌、地层岩性分布特征图

花岗斑岩的分布对斜坡的变形与破坏演变过程也存在重要影响。因其相对较高的强度，花岗斑岩出露部位的稳定性相对要好。

2.3.3 地质构造

白格滑坡位于金沙江缝合带内[图 2.2(b)]，缝合带在滑坡区内以波罗-通麦断裂和岗托-义敦断裂为界(图 2.6)，沿金沙江河流走向发育。缝合带内主要为外来岩块、基质及后期推覆体组成的混杂岩块。混杂岩块大小不一，呈断块状，

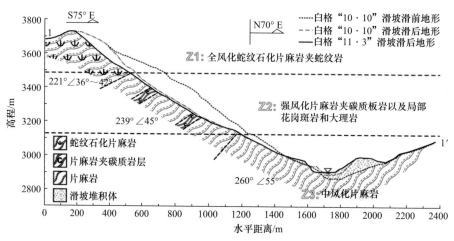

图 2.13　白格滑坡 1-1′剖面图

无一定层序，一般与基质有明显的界线。其基质部分已达绿片岩相，由绿帘绿泥片岩、绿泥钠长片岩、绿泥阳起片岩组成，原岩为中基性火山岩和砂泥质岩。

金沙江缝合带自海西期以来的发展演化，使其两侧的构造单元形成了截然不同的沉积环境：在缝合带东侧，义敦岛弧西部的向阳-盖玉弧间盆地发育了构造混杂岩带，缝合带西侧则发育元古宇雄松群片麻岩组。自海西旋回以来，区域经历了印支运动、燕山运动及喜马拉雅运动等多次构造活动的改造。其中印支晚期后的逆冲推覆作用，使缝合带西侧的雄松群推覆体逆掩覆于混杂岩之上[14]，导致地层中褶皱、断裂构造非常发育，且区内褶皱构造具有多期改造特点，褶皱构造以复式叠加褶皱为特征。

白格滑坡所在的斜坡面走向与区域构造方向大体平行，但由于受金沙江主断裂及其分支断裂的多期构造运动影响，区域构造的空间展布较复杂，且斜坡岩体蚀变严重、糜棱岩化强烈。滑坡后缘发育有波罗-木协断裂(图 2.10)，该断裂为波罗-通麦断裂北段，是白格滑坡的控制性断裂，属娘西-戈坡岩浆弧构造行迹。该断裂中段向东呈弧形弯曲，总体走向约为330°，断裂面向西倾斜，倾角为50°～70°。断裂的南段和北段发育在元古宇雄松群中，中段对印支期—燕山期花岗岩带和上石炭统生帕群有控制和后期破坏作用。波罗-木协断裂位于雄松群复式背斜构造的核部，经深层次韧性剪切作用，沿背斜转折部位发育纵向劈理，产生糜棱岩带和韧性变形，纵向劈理邻近有束状褶皱发育。劈理密集带经进一步发展转化为脆性变形，导致糜棱岩碎裂形成角砾岩和碎粉岩，破碎带宽 100～300m[14]。该断裂带受后期平移剪切作用，具有右旋走滑特点，断面平直，产状较陡。

2.3.4 水文地质条件

滑坡右侧（南侧）发育多条季节性冲沟（GL1，GL2，GL3，见图 2.12），并形成地表及地下潜流进入坡体，不断软化斜坡表层松散堆积层以及风化岩体；其次在后缘残留体及两侧残留体前缘（滑坡槽内）有多处地下水泉点出露[14]。滑坡区内第四系松散层孔隙水主要接受大气降水及冰雪融水、坡面流水、地表流水、基岩裂隙水的补给，向台地前缘和下伏基岩裂隙带径流、排泄。基岩裂隙水主要是接受大气降水及冰雪融水、地表水和上覆第四系松散层孔隙水的补给。因构造剥蚀作用强烈，勘查区内各沟谷切割较深，各台地之间往往缺乏水力联系，浅层地下水多在台地前缘以下降泉的形式排泄，或者地下水遇变质砂岩等相对隔水岩组阻隔在地表出露，形成下降泉。出露的下降泉往往又补给沟谷中的地表、地下水[14]。

2.3.5 滑坡变形演化特征分析

现场岩体结构面精细化调查工作显示，滑坡范围北侧 PF1 平台（高程约3500m）以上 Z1 区域的东向斜坡表面所揭露的片麻岩层有明显倾倒变形现象［图 2.14（a）］，其片理面产状越靠近坡面倾角越缓（30°～40°），且发育大量与片理面近似正交的脆性裂隙，属于典型的斜坡岩体重力变形现象[24]。而通过滑坡发生后对滑坡范围内滑面的观察，发现滑床存在由倾向坡内的片理面控制的显著倾倒变形岩层［图 2.14（b）］。由此可见，白格滑坡的发育应是斜坡中部和上部的强风化和全风化片麻岩层的倾倒变形导致斜坡失稳转化而来，且越靠近斜坡上部岩层倾角越缓，说明倾倒变形程度由上至下逐渐减弱。

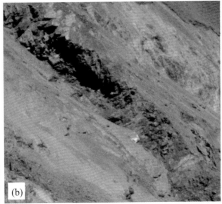

图 2.14　白格滑坡所在斜坡倾倒变形岩体

斜坡后缘在滑坡发生后产生的变形裂缝集中分布于变形小陡崖（图 2.9）的

微地貌特征说明，在白格滑坡发生前整个斜坡在河流下切作用下就已经产生了缓慢的长期深层重力变形，片理面倾向于坡内[223°∠47°，见图 2.15(a)]的片麻岩层在这个过程中逐渐往金沙江河谷内倾倒，在斜坡表面形成走向趋势为南北和北西-南东向的变形小陡崖[图 2.15(b)]，该走向趋势应分别由斜坡面走向和片麻岩片理面走向控制。对于变形裂缝集中于变形小陡崖的坡体部分[图 2.7，图 2.9(c)]，在白格滑坡发生后其下半部分产生了进一步临空条件，使滑坡后缘南侧坡体沿着原来的岩体缓慢重力变形界面进一步位移，从而在变形小陡崖处形成了显著的变形裂缝。该裂缝是坡体深层变形的积累在地表的地貌表征，其走向主要为南北和北西西-南东东，其中南北走向的裂缝与南北走向的变形小陡崖有较强相关性[图 2.15(b)、(c)]，说明裂缝的产生是斜坡蠕变在滑后的进一步扩展所致；而北西西-南东东走向的裂缝应主要被片麻岩片理面产状和坡体临空方向共同控制。

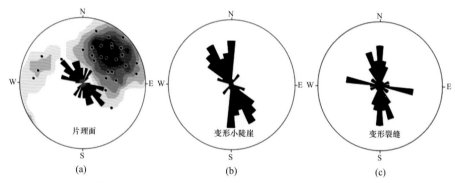

图 2.15 白格滑坡结构面与变形微地貌空间展布特征
(a)N=29；(b)N=108；(c)N=52

综合以上白格滑坡的地层岩性、地质构造、地形地貌特征，可知控制白格滑坡发育的天然地质条件是斜坡受到河流的逐步下切作用形成总体上缓下陡的形态，并在这个过程中随着斜坡坡度和地形应力场的逐步改变而演变为逆倾片理面斜坡岩层的倾倒重力变形。另外，白格滑坡位于金沙江缝合带混杂岩区域，斜坡经历史构造活动导致岩体较破碎、结构面较发育、糜棱岩化强烈。滑坡后缘波罗-木协断裂的控制作用导致斜坡 PF1 平台(高程约 3500m)以上 Z1 区域蛇纹石化蚀变严重、上半部分斜坡风化作用剧烈，造就了斜坡岩体由下至上强度逐渐降低、风化程度逐渐变强的特征。在此背景下，当斜坡基岩在河流切蚀过程中斜坡坡度达到不稳定临界值后，会导致斜坡重力变形并最终转化为大型滑坡。而斜坡后缘南侧岩质坡体由于下部临空条件的发展，将会沿着在滑坡发生前已长期经历的斜坡重力变形形成的变形小陡崖位置以及深层变形破裂面方向发生进一步位移，从而在滑坡后缘坡体表面产生了大量变形裂缝(图 2.16)。这样由河流下切作用逐渐诱发的深层斜坡重力变形储存势能较大，一旦发展为高位滑坡，将会释放巨大的能量，滑入峡谷中极易造成堵江事件。

图 2.16　白格滑坡后缘微地貌特征及斜坡变形机理分析

2.4　本章小结

本章介绍了白格滑坡的区域地质与构造背景，并结合现场地质调查论述了滑坡发育的基本地质条件。

(1)滑坡区位于金沙江上游的高山峡谷区，属于典型的构造侵蚀地貌。气象上属于高原寒温带半湿润气候区，多年平均降水量为 650mm，季节性降雨特征明显。区域构造活动不显著，基本地震烈度为Ⅶ度。

(2)滑坡区位于金沙江缝合带，临近金沙江断裂西支波罗-通麦(木协)断裂。该断裂对滑坡区的地层岩性分布、地貌演变等起控制作用。

(3)滑坡区主要岩性为以元古宇雄松群片麻岩为主体的构造混杂岩，夹碳质板岩和大理岩，以及海西期侵入的超镁铁质和蛇纹岩带，燕山期侵入的花岗斑岩。

(4)滑坡区为逆向坡，片理面总体产状 223°∠47°，倾倒变形特征显著。

(5)滑坡区按地形地貌和岩性特征自上而下可以划分为三个子区：Z1 区域位于海拔 3500m 以上，主要为全风化蛇纹石化片麻岩夹蛇纹岩；Z2 区域位于海拔 3100～3500m，为强风化片麻岩夹碳质板岩以及局部花岗斑岩和大理岩；Z3 区域为中风化片麻岩，局部偶见碳质板岩。

（6）滑坡区地下水不发育，仅局部有零星泉眼分布。

参 考 文 献

[1] 邓建辉, 高云建, 余志球, 等. 堰塞金沙江上游的白格滑坡形成机制与过程分析[J]. 工程科学与技术, 2019, 51(1): 9-16.

[2] 潘裕生. 青藏高原的形成与隆升[J]. 地学前缘, 1999, (3): 153-160, 162-163.

[3] 潘桂棠, 陈智梁, 李兴振, 等. 东特提斯地质构造形成演化[M]. 北京: 地质出版社, 1997.

[4] 潘桂棠, 李兴振, 王立全, 等. 青藏高原及邻区大地构造单元初步划分[J]. 地质通报, 2002, (11): 701-707.

[5] Wang X F, Metcalfe I, Jian P, et al. The Jinshajiang-Ailaoshan Suture Zone, China: Tectonostratigraphy, age and evolution[J]. Journal of Asian Earth Sciences, 2000, 18(6): 675-690.

[6] Roger F, Arnaud N, Gilder S, et al. Geochronological and geochemical constraints on Mesozoic suturing in east central Tibet[J]. Tectonics, 2003, 22(4): 1037.

[7] Mo X X, Deng J F ,Lu F X. Volcanism and the evolution of Tethys in Sanjiang area, southwestern China[J]. Journal of Asian Earth Sciences, 1994, 9(4): 325-333.

[8] Leloup P H, Lacassin R, Tapponnier P, et al. The Ailao Shan-Red River shear zone (Yunnan, China), Tertiary transform boundary of Indochina[J]. Tectonophysics, 1995, 251(1-4): 3-84.

[9] Reid A, Wilson C J L, Liu S, et al. Mesozoic plutons of the Yidun Arc, SW China: U/Pb geochronology and Hf isotopic signature[J]. Ore Geology Reviews, 2007, 31: 88-106.

[10] 陈炳蔚, 王铠元, 刘万熹, 等. 怒江–澜沧江–金沙江地区大地构造[M]. 北京: 地质出版社, 1987.

[11] 明庆忠. 纵向岭谷北部三江并流区河谷地貌发育及其环境效应研究[D]. 兰州: 兰州大学, 2006.

[12] 伍保祥. 金沙江上游波罗水电站库区滑坡发育规律及岸坡稳定性风险分析[D]. 成都: 成都理工大学, 2008.

[13] Montgomery D R, Brandon M T. Topographic controls on erosion rates in tectonically active mountain ranges[J]. Earth and Planetary Science Letters, 2002, 201: 481-489.

[14] 地矿眉山工程勘察院. 西藏自治区昌都市江达县波罗乡金沙江白格滑坡勘查报告[R]. 眉山: 地矿眉山工程勘察院, 2019.

[15] 徐锡伟, 张培震, 闻学泽, 等. 川西及其邻近地区活动构造基本特征与强震复发模型[J]. 地震地质, 2005, 27(3): 446-461.

[16] Studnicki-Gizbert C, Burchfiel B C, Li Z, et al. Early Tertiary Gonjo basin, eastern Tibet: Sedimentary and structural record of the early history of India-Asia collision[J]. Geosphere, 2008, 4(4): 713-735.

[17] 于文杰. 金沙江结合带中段地质特征[J]. 西藏地质, 1993, 9(2): 26-37.

[18] 西藏自治区地质矿产局. 中华人民共和国区域地质调查报告(白玉县幅(8-47-9) 1 : 200000)[R]. 拉萨: 西藏自治区地质矿产局, 1992.

[19] 易树健. 川藏铁路跨板块结合带区段基于 GIS 的工程地质分区研究[D]. 成都: 成都理工大学, 2018.

[20] 吴富峣, 蒋良文, 张广泽, 等. 川藏铁路金沙江断裂带北段第四纪活动特征探讨[J]. 高速铁路技术, 2019, 10(4): 23-28.

[21] 伍先国, 蔡长星. 金沙江断裂带新活动和巴塘 6.5 级地震震中的确定[J]. 地震研究, 1992, 15(4): 401-410.

[22] Hutchinson J N. General report: morphological and geotechincal parameters of landslides in relation to geology and hydrology[J]. International Journal of Rock Mechanics and Mining Sciences and Geomechanics Abstracts, 1989, 26(2): 3-35.

[23] Agliardi F, Crosta G B, Zanchi A, et al. Onset and timing of deep-seated gravitational slope deformations in the eastern Alps, Italy[J]. Geomorphology, 2009, 103(1): 113-129.

[24] Chigira M. Long-term gravitational deformation of rocks by mass rock creep[J]. Engineering Geology, 1992, 32(3): 157-184.

第 3 章

滑坡成因机制与运动过程

  白格"10·10"滑坡(图 3.1)的发生时间早期报道的是 2018 年 10 月 11 日清晨,这是当地居民向政府报告滑坡事件的时间。实际发生时间是 2018 年 10 月 10 日 22:05:36(北京时间),是基于滑坡产生的地震波反演的结果[1]。白格"11·3"滑坡是白格"10·10"滑坡后缘及左侧边界外的裂缝区变形发展与演变结果。

图 3.1 白格"10·10"滑坡堰塞坝(中国水电水利规划设计院)

  本章首先介绍白格"10·10"滑坡源区和堆积区基本特征,在地质条件基础上定性分析滑坡的成因机制与运动过程,估算滑坡运动的速度。然后分析裂缝区白格"11·3"滑坡的地质特点与滑坡机制。两次滑坡虽然位于同一部位,但是机制完全不同。这反映了构造混杂岩的特点,同时也与河谷地貌演变过程中的岸坡卸荷效应和风化效应密切相关。

  本章内容主要取材于文献[2]、[3],另外还补充了我们至 2020 年 4 月的地质调查结果和认识。

3.1　白格 "10・10" 滑坡

3.1.1　源区

　　白格 "10・10" 滑坡的源区分布范围见图 3.2。因金沙江河谷狭窄，白格 "10・10" 滑坡的流通区并不显著，因此滑坡范围主要包括源区与堆积区。为便于分析滑坡的失稳机制与运动过程，滑坡范围被进一步划分为若干子区。

　　很多研究误将滑坡区的右岸部分均作为源区，一定程度上夸大了源区的面积。实际上，由于滑坡的剪出口高、速度快，且运动过程中存在主滑方向变动，其坡脚存在未扰动区(undisturbed zone，UZ)，以及仅表面被滑坡碎屑冲刷的基岩区(bedrock zone，BZ)BZ1 和 BZ2。不论是未扰动区还是基岩区，对滑坡方量的贡献十分有限，将其面积计入滑坡总面积会导致滑坡方量估算偏大。滑坡的实际源区是图 3.2 和图 3.3 中的白色双点画线所围限部分，其前缘收窄，且滑动方向发生了变化。

　　滑坡源区长约 1320m，平均宽约 435m，总面积约 $57.5×10^4m^2$。采用剖面方法估算滑坡方量，沿长度方向每 30m 做一张横剖面图，滑坡前地形使用 20 世纪 60 年代的航测地形(等高距 20m)，滑坡后地形使用四川测绘地理信息局 2018 年 10 月 12 日无人机航测地形(等高距 1m)。使用滑坡区外侧地形校正两者之间的精度差别。由此，估算的滑坡方量约 $1870×10^4m^3$，即滑坡源区的平均厚度约 32m。滑坡发生后，在高程 3500m 和 3100m 左右滑床上分别留存 2 个小台坎，可与第 2 章的岩性分区高程或边坡台地高程相对应。相应地，滑坡源区自下至上被细分为阻滑区(anti-sliding zone，AZ)、主滑区(major sliding zone，MZ)和牵引区(trailing zone，TZ)，其平面面积分别为 $10×10^4m^2$、$33×10^4m^2$ 和 $14.5×10^4m^2$，方量分别为 $80×10^4m^3$、$1330×10^4m^3$ 和 $460×10^4m^3$。主滑区方量最大，牵引区其次，阻滑区最小。

　　由于结构面转向，阻滑区呈不规则四面体型。该区岩体主要由相对完整的片麻岩组成，结构面不发育。该区滑床基本未残留碎屑，但是新鲜擦痕和基岩剪断破坏特征显著，呈现出较强的应力集中与剪切特征(图 3.4)。阻滑区擦痕方向为 N65°E，剪出口高程约 2980m。虽然有少量滑坡碎屑洒落，剪出口之下的原坡积层未扰动，杂草完整保留(图 3.4)。因此，将该区命名为未扰动区。

　　未扰动区的存在一方面说明滑坡开始启动时是有初速度的，另一方面说明堆积区(deposition zone，DZ)的 DZ1 和 DZ2 分区是从右岸凌空抛射到左岸的。考虑剪出口高出河面 100m，且滑坡有初速度，同时未扰动区与堆积区 DZ2 之间存在一个未完全堰塞的小河湾，抛射的推论还是合理的。滑坡的初速度来源于阻滑区滑动面脆性剪断产生的应变能突然释放，机理上与应变型岩爆一致。

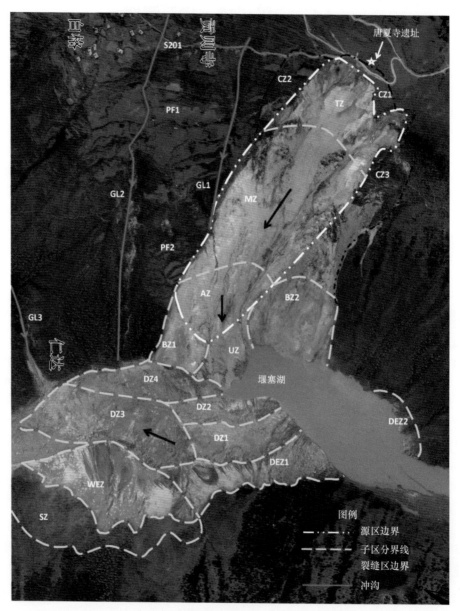

图 3.2　白格"10·10"滑坡正射影像与分区图

基于四川测绘地理信息局 2018 年 10 月 12 日无人机航片修改。AZ-阻滑区；BZ1、BZ2-基岩区与编号；CZ1、CZ2、CZ3-裂缝区与编号；DEZ1、DEZ2-碎屑冲刷区与编号；DZ1、DZ2、DZ3、DZ4-堆积区与编号；GL1、GL2、GL3-冲沟与编号；MZ-主滑区；PF1、PF2-平台与编号；SZ-泥沙浸染区；TZ-牵引区；UZ-未扰动区；WEZ-射流冲刷区；S201-省道与编号

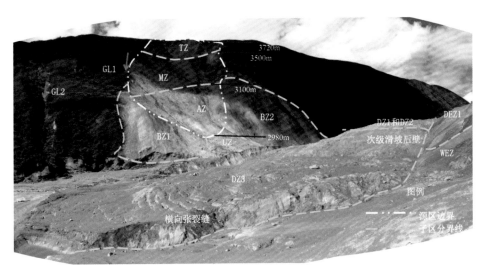

图 3.3　白格 "10·10" 滑坡全景

AZ-阻滑区；BZ1、BZ2-基岩区与编号；DEZ1-碎屑冲刷区与编号；DZ1、DZ2、DZ3-堆积区与编号；GL1、GL2-冲沟与编号；MZ-主滑区；TZ-牵引区；UZ-未扰动区；WEZ-射流冲刷区

图 3.4　剪出口及其下部未扰动区保存良好的杂草

　　主滑区呈三棱柱形，底面由两组结构面切割形成，产状分别为 S30°E∠38°（左侧）和 N62°E∠35°（右侧），交线方向 S75°E，倾角 24°。两组结构面均不属于图 2.12 的 27 组结构面，同时 V 形滑动面不平整，且未见新鲜擦痕。因此，这两组结构

面有可能是滑坡孕育过程中某组结构面渐进扩展形成的。主滑区的滑动方向与阻滑区不一致，滑动除受阻滑区牵引外，由于惯性作用，滑动方向逐渐向右（下游）偏移。滑坡后，该段滑床残留有部分来源于牵引区的碎屑。

　　牵引区主要由全风化、强蚀变的片麻岩、蛇纹岩组成，性状似土体，但是滑坡后壁靠右侧存在碎裂岩体（图 3.5）。碎裂岩体由强风化的蛇纹岩化片麻岩，夹弱风化薄层侵入花岗斑岩组成。牵引区地层的这种特点反映了构造混杂岩的特点，也控制了滑坡后壁的破坏行为。该区位于平台 PF1 之上，滑前边坡角约 32°，对于高度超过 200m 的土质边坡而言，该角度较陡，但是局部存在的碎裂岩体有利于其上的边坡稳定。因此，滑坡后缘呈现出渐进解体的特点，以全风化层为主的部分先失稳，然后才是碎裂岩体部分。该区的滑动方向受主滑区控制，堆积范围偏向下游侧。

　　基岩区 BZ1 和 BZ2 实际上是滑坡碎屑侵蚀区，只是基岩相对新鲜、完整，侵蚀仅限于表面。BZ1 是边坡平台 PF3 受滑坡碎屑侵蚀形成，滑坡碎屑部分来源于主滑区，主体部分则来自牵引区。BZ2 的碎屑主要来源于裂缝区 CZ3，其低高程部分也受到过高速射流冲刷作用，只是特征不如左岸显著。BZ1 和 BZ2 的面积分别为 $4.5×10^4m^2$ 和 $11.5×10^4m^2$。

图 3.5　滑坡后缘及其碎裂基岩

冲沟 GL1 常年流水，旱季水量约 1L/s，来源于高程约 3500m 的泉眼。滑坡源区未见其他显著的渗流现象，一定程度上说明地下水不是滑坡的主要诱发因素。

3.1.2 堆积区

白格"10·10"滑坡的特点之一是存在大范围的冲刷区，既包括滑坡碎屑冲刷，又包括高速射流冲刷；特点之二是滑坡坝存在次级滑坡。故堆积区分两部分陈述。

3.1.2.1 冲刷区

在滑坡区的金沙江左岸（四川岸），岸坡坡脚主要由胶结良好的崩坡积层构成，其上生长着柏树、灌木和杂草。滑坡发生后，左岸坡脚出现大片表面冲刷区，地表壤土与植被基本不存在（图 3.2，图 3.3，图 3.6）。冲刷区按其成因划分为两类，即碎屑冲刷区（debris-eroded zone，DEZ1）和射流冲刷区（waterjet-eroded zone，WEZ）。

图 3.6 滑坡冲刷区范围与特征

P1-碎屑冲刷区照片；P2-射流冲刷区照片；DEZ1-碎屑冲刷区与编号；DZ1、DZ2、DZ3-堆积区与编号；
WEZ-射流冲刷区

碎屑冲刷区 DEZ1 的面积约 $8.5×10^4 m^2$，是滑坡碎屑在左岸逆坡冲刷的结果。其主要特征是缓坡或局部小平台上残留有滑坡碎屑，且碎屑流动的痕迹从影像上看与擦痕极为相似（见图 3.6 中的照片 P1）。DEZ1 主要位于冲刷区的上游一侧，最高高程约 3050m，即相对于剪出口高程 2980m，滑坡在左岸冲高约 70m，呈现出高速滑坡特征。

射流冲刷区位于冲刷区的下游侧，主要特征是表面光滑，仅残留有厚度约 1mm 的泥膜（见图 3.6 中的照片 P2），靠近边界局部可见残留的树桩或枝条。该区的最大高程达 2985m。在射流冲刷区之外，还存在一个泥沙浸染区（silt-polluted zone，SZ），主要特征是植被表面残留大量泥沙，是水砂射流产生的含泥水雾浸染的结果（图 3.7）。

图 3.7　泥沙浸染区特征

在滑坡上游右岸也存在一个碎屑冲刷区 DEZ2，其形成是滑坡高速撞击左岸（凸岸）后碎屑向两侧运动，并返回冲刷右岸的结果（图 3.8）。部分碎屑遗留在河道，形成一道水下滑坡坝。因此，白格滑坡坝最终形成了图 3.9 所示的两道跌水，其中跌水 2 由水下滑坡坝形成。

3.1.2.2　滑坡坝

滑坡堆积区或滑坡坝的沿河长度约 1200m，横河宽度约 470m，面积约 $38 \times 10^4 m^2$。堆积区按岩性组合等可划分为 DZ1、DZ2、DZ3 和 DZ4 四个子区（图 3.2）。

图 3.8　堆积区 DZ1 与碎屑冲刷区 DEZ2 特征

图 3.9　白格滑坡堰塞坝的两道跌水

　　堆积区 DZ1 和 DZ2 位于滑坡坝的上游左侧，是滑坡坝的最高部分，最大高程 3005m。最高点位于堆积区 DZ1，靠近堆积区左岸边界。堆积区 DZ1 的弱风化片麻岩块广布，与源区的阻滑区岩性一致(图 3.8)。堆积区 DZ2 的片麻岩块相对较少，但是由碳质板岩构成的细颗粒含量较高，碎屑成分与主滑区岩性基本一致。

堆积区 DZ3 是一个次级滑坡体，其上游一侧存在三个滑坡台阶(图 3.10)，下游一侧有横向张裂缝(图 3.3)。由于次级滑移和水流冲刷，该区的碎屑成分暴露充分，包括片麻岩、花岗斑岩等，偶见大理岩，且细颗粒以碳质板岩为主(图 3.11)。因此，该区的物质来源以主滑区为主，其次为阻滑区。

图 3.10　堆积区 DZ3 后缘的滑坡台阶

图 3.11　堆积区 DZ3 的碎屑特征

堆积区 DZ4 基本覆盖了早期的河床部位。该区的高程显著低于堆积区 DZ1 和 DZ2，构成滑坡坝的垭口部位，最低高程约 2931.4m。该区基本上以细颗粒为主，成分为全风化蚀变片麻岩和蛇纹岩，夹蚀变片麻岩和蛇纹岩岩块(图 3.12)，因此其物质来源应该是牵引区，抗冲刷侵蚀能力差。该区的堆积明显偏向下游侧，从形态上看(图 3.2)，流态化运动特征显著。堆积区最后受阻于仁达冲沟(GL3)

图 3.12　泄流槽与堆积区 DZ4 的碎屑特征

沟口洪积扇。该区的低海拔和低抗冲刷能力决定了 2018 年 10 月 13 日漫坝溃决时的溃口部位及其快速溃决进程。滑坡坝溃决后该区的残留方量较少。

滑坡坝溃决后的泄流槽长约 1000m，底宽 80m，右侧边坡顶部的宽度约为 152m。右侧边坡主要由原崩坡积层构成，高约 52m，稳定性良好；左侧边坡为滑坡碎屑，高约 72m。虽然左侧坡顶存在部分纵向裂缝，但是现场调查的 7 个多小时内未见塌滑现象，泄流槽坡的稳定性较好。

总之，滑坡坝尽管破碎，但是密实。滑坡发生约一周后（2018 年 10 月 16 日），即使是在表面流水冲刷严重的 DZ3 区步行也基本上不存在问题。

3.1.3　岸坡变形历史与滑坡机制

中国电建集团成都勘测设计研究院有限公司 2009 年在叶巴滩水电站可研阶段库区地质勘测中编录了岸坡的变形破坏现象，圈定了三个潜在滑坡区。2011 年，江达县政府将岸坡两个平台 PF1 和 PF2 上的居民全部搬迁。滑坡发生后，成都理工大学采用光学遥感影像对斜坡的变形历史进行了追踪分析，发现早在 1966 年斜坡的变形与破坏迹象就十分显著[4]。

我们在现场工作期间，也曾就滑坡后缘的建筑遗迹（图 3.13）调访了贡则寺萨迦活佛和次陈俄色堪布。该寺一位 90 余岁的喇嘛说滑坡后缘的建筑遗迹和玛尼堆自他记事起就有，是二三百年前唐夏寺搬迁至贡觉县留下的。遗憾的是，在江达县和贡觉县宗教事务局均未找到唐夏寺搬迁的历史记载。从老喇嘛的年龄推断，边坡的变形历史至少应该超过了 100 年。

图 3.13　唐夏寺遗址

从 2019 年滑坡边界外侧的裂缝扩展情况来看，很多裂缝出现部位均位于微地貌特征，即台坎边缘(图 3.14)。结合岸坡的地质条件，这些台坎应该是反倾的片麻岩体倾倒变形的结果。从公路内侧边坡剖面反映的岩体风化程度来看，台坎是一个岩体风化程度界线，越靠近滑坡边界一侧岩体风化程度越高(图 3.14 中的照片 P4)，可见该段岸坡的变形历史悠久。由此可以合理推测，唐夏寺的搬迁极有可能是受岸坡变形影响的结果。

除了长期变形外，白格"10·10"滑坡还存在如下特点。

(1)滑坡属于高位、高剪出口和高速滑坡。岸坡自海拔 3720m 下降到2880m(平水期河面高程)，高度超过 800m，剪出口高出河面高程 100m，滑坡碎屑在对岸爬高近 70m(相对于剪出口高程)。

(2)滑坡启动时有初速度。滑坡启动时碎屑不是顺坡下滑，而是直接被抛掷到对岸。

(3)属于新生基岩滑坡。主要表现在阻滑区基岩剪断与擦痕特征显著，同时从三个平台的完整性和两条冲沟形态来看，滑坡前斜坡不具备古滑坡、老滑坡特征。

(4)不存在地震或强降雨诱发的证据。

因此，重力是滑坡的主要诱发因素，即该滑坡是岸坡受河谷下切影响长期地貌演变的结果。

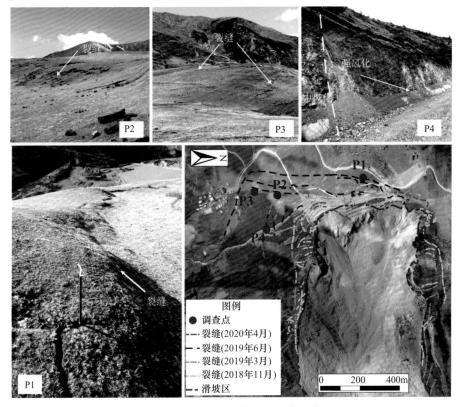

图 3.14 裂缝扩展及其与微地貌的关系

岸坡的变形与破坏过程是渐进的，描述如下。

(1)牵引区土体强度较低，不足以维持高陡边坡稳定，因此对其下的主滑区产生推力作用。

(2)在牵引区的推力作用下，主滑区的两组结构面渐进扩展、贯通，结构面的连续性逐步提高，抗剪强度逐步降低。主滑区存在的碳质板岩等软弱岩体对上述变形与破坏进程有促进作用。

(3)随着主滑区结构面的逐渐贯通，阻滑区的应力将逐渐集中。当阻滑区应力超过其基岩的峰值抗剪强度时，脆性剪切破坏会导致滑体以一定初速度滑出。

地震、降雨、基岩卸荷风化等可能会加速上述变形与破坏进程，但是重力是主要的诱发因素。

3.1.4 运动过程

边坡的变形过程是自上而下，但是实际的滑坡过程却正好相反。基于堆积区和左岸侵蚀特征，滑坡的运动过程可以划分为 6 步(图 3.15)。

第一步：主滑区和阻滑区启动[图 3.15(a)]。

阻滑区首先脆性剪断，脆性破坏突然释放的能量使阻滑区和主滑区以一定的初速度从剪出口剪出。启动时的滑动方向受阻滑区控制，即 N65°E 向，但是由于主滑区的惯性作用，滑动方向逐步迁就主滑区滑动方向，即 S75°E 向。这种滑动方向改变使得平台 PF3 逐渐被侵蚀，扩大剪出口，并导致基岩区 BZ1 冲刷形成。

第二步：牵引区启动[图 3.15(b)]。

牵引区失去主滑区的支撑作用后开始坍塌，并在重力作用下沿 S75°E 方向下滑。由于牵引区主要由土体构成，其下滑不存在初速度。或者说，牵引区的滑动速度相对于主滑区和阻滑区要低很多，其堆积区 DZ4 位于坡脚。同时由于主滑区的沟槽控制了其滑动方向，堆积区 DZ4 的范围偏向下游侧，下滑过程中进一步侵蚀了基岩区 BZ1。

第三步：形成碎屑侵蚀区 DEZ1 和 DEZ2[图 3.15(c)]。

主滑区和阻滑区启动后，以一定初速度抛射而出，并在重力作用下加速，高速与左岸(四川岸)相撞后逆坡爬高 70m。撞击导致滑坡碎屑进一步破碎，并向两侧运动形成碎屑侵蚀区 DEZ1。由于左岸为凸岸，向上游运动的碎屑跨河到达右岸(西藏侧)形成一个小范围的冲刷区 DEZ2。当上行碎屑到达左岸最高点时(高程约 3050m)，开始在重力作用下下滑，并在相对平缓的台阶上残留部分碎屑，同时在边坡上形成与擦痕类似的条带(图 3.6)。

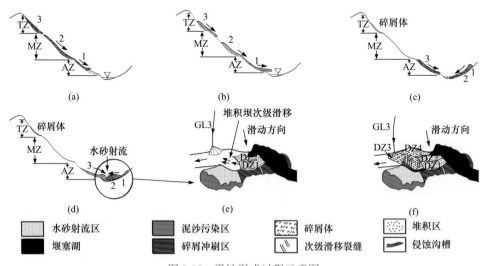

图 3.15　滑坡形成过程示意图

第四步：碎屑碰撞与激起的射流和水雾[图 3.15(d)]。

牵引区碎屑到达河床位置时，与从左岸返回的碎屑发生碰撞。碰撞后的碎屑垂直向下运动，撞击河水，激起高速水砂射流与水雾。从植被与表层壤土侵蚀殆尽的左岸射流冲刷区情况来看，水砂射流的速度很高。按此射流速度及其产生机制，可以合理推测右岸基岩区 BZ2 下侧也应该被高速射流冲刷过，只是证据不如左岸的显著。来自牵引区的滑坡碎屑堆积于堆积区靠右岸一侧，即堆积区 DZ4，原河床部位。一方面牵引区的速度相对较小，另一方面可能与滑坡碎屑碰撞有关。DZ4 向下游运动较远，最终受阻于下游冲沟 GL3 沟口的洪积扇。从该区的形态上看，该区较远的运行距离应该与河水流动和滑坡碎屑流态化有关。碎屑碰撞激起的含沙水雾溅落在高速水砂射流冲刷区外侧植被上，形成了泥沙浸染区(SZ)。

第五步：滑坡坝的次级滑移[图 3.15(e)]。

由于剪出口收缩，来源于主滑区和阻滑区的碎屑首先堆积于 DZ1 和 DZ2 区。滑坡碎屑的集中堆积导致所形成的滑坡坝两侧边坡陡峻且不稳定。即使上游坝坡碎屑块度较大，坡上残留碎屑也很少(图 3.7)。下游坝坡的碎屑块度相对较小，因此发生再次滑动，形成了次级滑移区 DZ3。次级滑移区受到冲沟 GL3 的冲积扇阻挡，加上底部摩擦作用，在其前缘产生了横向张裂缝(图 3.3)。

第六步：堆积区的表面冲刷[图 3.15(f)]。

激起的水雾降落在堆积区表面产生流水冲刷。总体而言，DZ1 和 DZ2 区海拔较高，冲刷作用不强，但是地势较低的 DZ3 和 DZ4 区由于汇流作用冲刷强烈(图 3.3)。

3.1.5 滑坡速度估算

Scheidegger[5]于 1973 年提出了一个滑坡速度估计公式：

$$u = \sqrt{2gH\left(1 + \frac{f}{\tan\alpha}\right)} \tag{3.1}$$

式中，H 为碎屑爬升高度，m；g 为重力加速度，取值 9.8m/s²；α 为边坡角；f 为碎屑与边坡面的平均摩擦系数，使用式(3.2)简单计算。

$$f = H / L \tag{3.2}$$

按式(3.2)计算，白格"10·10"滑坡的平均摩擦系数为 0.36，小于 Zhang 等[1]反演得到的平均摩擦系数 0.47，这可能与白格"10·10"滑坡启动有初速度有关。因此，下面使用参数 0.47 进行估算。

参考图 3.16，两种滑坡运动路径假定用于估算滑坡速度，运动路径一为 O-a-b-O'-c，运动路径二为 O-O'-c。路径一对应滑坡启动无初速度情况，滑坡自河面在左岸爬升 170m，估算在 a 点的速度为 83m/s；路径二假定滑体自剪出口 O 直接抛掷至对岸同高程点 O'，爬升高程 70m，估算在点 O' 的速度为 50m/s。由于有重力作用，实际运动路径应该是 O-b-O'-c，b 点介于点 a 与点 O' 之间，其速度应该介于 50m/s 与 83m/s 之间。

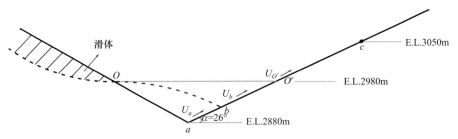

图 3.16　白格"10·10"滑坡速度估算示意图

　　Zhang 等[1]将滑坡过程划分为三个阶段，每个阶段的运动方向基本恒定。作者分析后认为，其三段划分与 3.1.4 节的运动过程基本一致，第一阶段对应阻滑区与主滑区的运动过程，主滑方向 N65°E；第二阶段对应阻滑区与主滑区碎屑自左岸上部开始返回下滑过程，主滑方向 S60°W；第三阶段对应滑坡坝的次级滑移过程，主滑方向 S20°E。因此，第一阶段的时间 22s 可进一步用于改进上述估算精度。由于滑坡初速度较高，自点 O 至点 b 所耗时间相对于自点 b 至点 c 的爬行时间要小很多，可以忽略不计。自剪出口 O 至最大爬升高度 c 的水平距离为 670m，其间的估算平均速度为 30m/s。因此，点 b 的速度大致估算为 2×30/cos26° = 67m/s。该速度大致相当于滑坡体撞击左岸的高程为 2940m。

3.2　白格"11·3"滑坡

　　白格"10·10"滑坡发生后，在其后缘及其两侧边界外发育了 CZ1、CZ2 和 CZ3 三个裂缝区(图 3.17)。裂缝区虽然破损严重，但是在 2018 年 10 月 16 日和 18 日的现场调研期间，滑坡边界处并未出现解体与崩塌现象。白格"11·3"滑坡发生前，安装在后缘的全球导航卫星系统(GNSS)(BD 为基准站)和裂缝计(图 3.18)监测的位移时间曲线基本走平，看不出加速变形迹象(图 3.19)。在这种条件下，判定裂缝区暂时稳定似乎很合理。然而滑坡还是发生了，金沙江堰塞更为严重(图 3.20)。这起事件再次说明，仅仅根据变形监测曲线进行滑坡预测预报依据不充分。

3.2.1　源区

　　除 CZ3 的前缘部分高程低于海拔 3500m 外，三个裂缝区基本上位于 3500m 以上，属于岩体质量最差区。三个裂缝区的划分是按部位进行的，由于 Z1 区属于以蛇纹岩化片麻岩为主的构造混杂岩，不同部位的岩性及其风化程度相差很大，相应地稳定性也存在差异。

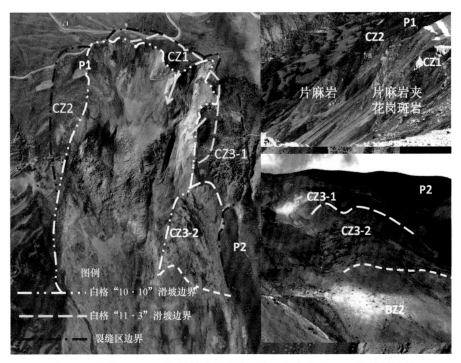

图 3.17　白格"10·10"滑坡后缘裂缝区分布与白格"11·3"滑坡边界
根据四川测绘地理信息局 2018 年 10 月 16 日无人机正射影像修改

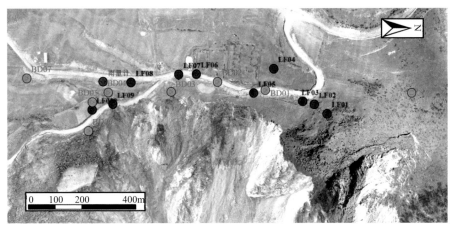

图 3.18　白格滑坡后缘裂缝区应急监测点位布置图

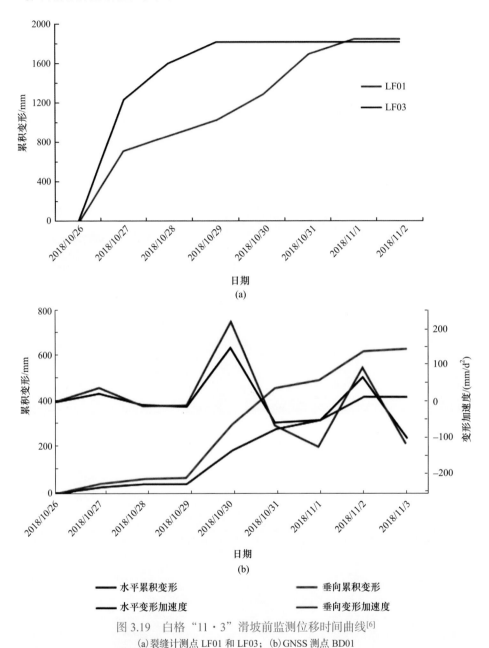

图 3.19 白格"11·3"滑坡前监测位移时间曲线[6]

(a)裂缝计测点 LF01 和 LF03；(b)GNSS 测点 BD01

CZ1 区位于白格"10·10"滑坡后缘，其左(北)侧以全风化蛇纹岩侵入体为主(图 3.21)，右(南)侧则为全、强风化蛇纹岩化片麻岩(图 3.17 中的照片 P1)，局部夹薄层弱风化花岗斑岩侵入体。该区的面积约 5.2×10⁴m²，估算方量 460×10⁴m³。CZ2 区与 CZ1 区类似，其前缘也存在强风化的碎裂片麻岩体(高程在

图 3.20　白格"11·3"滑坡堰塞坝

图 3.21　滑坡后缘左侧岩性特征

3500m 以上，见图 3.17 中的照片 P1)，但是 CZ2 区坡度较缓，自然边坡角约 28°。该区的面积约 $6.6×10^4m^2$，估算方量 $150×10^4m^3$。受片理产状影响，该区的宏观变形方向为顺坡偏滑坡槽方向。CZ3 区与 CZ1 区之间存在一巨厚层花岗斑岩侵入体，构成了 CZ1 区和 CZ3 区的分界线(图 3.21)。该区的岩性特点是不同厚度的花岗斑岩侵入体较多，既控制了坡面形态，又限定了变形深度。该区实际上是由相对独立的两个子区 CZ3-1 和 CZ3-2 组成(见图 3.17 中的照片 P2)。CZ3-1 子区以 PF1 平台及其上部陡坡为主，CZ3-2 子区则位于平台 PF1 与 PF2 之间。两个子区的变形深度均不大。从该区的地表裂缝发育情况来看，变形方向以顺坡向为主，仅在滑坡边界部位变形方向才偏向滑坡槽一侧。

白格"11·3"滑坡的源区主要位于 CZ1 区左侧的全风化蛇纹岩部分(图 3.17，图 3.22)，面积约 $3.0×10^4m^2$；CZ3-1 子区也贡献了部分物源，面积约 $1.9×10^4m^2$。CZ3-1 子区的失稳应该是 CZ1 区碎屑铲刮其坡脚的结果。根据滑坡前后的数字高程模型(digital elevation model，DEM)估算，白格"11·3"滑坡源区方量约 $630×10^4m^3$。

图 3.22　白格"11·3"滑坡前 CZ1 区形貌

3.2.2　堆积区

白格"11·3"滑坡的物源主要为风化层，仅仅受重力作用，滑坡的速度相对要低得多。白格"11·3"滑坡的碎屑基本上堆积在白格"10·10"滑坡坝溃决后形成的泄流槽内[图 3.23(a)]。新堆积区形状与白格"10·10"滑坡坝的 DZ4 区类似，但是新滑坡坝高度却要高得多，垭口最高点高程可达到 2956.3m，比白格"10·10"滑坡坝高 35m。相应地，堰塞湖库容和溃决风险也增加了。作为一种减灾措施，设计开挖一条人工泄流槽以降低堰塞湖水位。新的泄流槽基本上沿白格"10·10"滑坡泄流槽，略偏左岸的位置开挖[图 3.23(a)、(b)]，设计底板高程为 2952.5m。人工泄流槽自 2018 年 11 月 8 日晚开始开挖，11 月 11 日 11:00 基本开挖形成，11 月 12 日 10:50 开始过流，11 月 14 日 7:40 泄流槽的过流量降低到 700m³/s，与上游来水量持平。溃决洪水结束后的新泄流槽与白格"10·10"滑坡的泄流槽相似。

图 3.23　白格"11·3"滑坡坝及其人工泄流槽
(a)堆积区(镜向 E)；(b)人工泄流槽开挖(镜向 W)；(c)巨型花岗斑岩漂砾，位置见图 3.23(a)

　　白格"11·3"滑坡也激起了高速水流，但是速度比白格"10·10"滑坡要低得多[图 3.23(a)]。滑坡碎屑进入泄流槽后也出现了流化作用，向金沙江下游运动距离较远，直到被下游冲沟 GL3 的洪积扇拦截为止。

　　由于滑坡物质主要为来源于 PF1 平台以上 Z1 区的全风化岩体，新堆积区基本上为细颗粒的片麻岩和蛇纹岩碎屑。但是，局部也存在巨型花岗斑岩漂砾[图 3.23(c)]，其源头为 CZ3-1 子区(图 3.17)。堆积区表面块石以花岗斑岩为主，说明 CZ1 区的失稳与 CZ3-1 子区不同步。CZ3-1 子区的失稳发生在 CZ1 区之后，结合两区的相对位置，可以推断 CZ3-1 子区的坡脚部位受 CZ1 区滑坡碎屑铲刮应该是导致其失稳的原因。

白格"11·3"滑坡碎屑运动方向受原主滑区 MZ 的楔形槽方向(S75°E)控制，原剪出口下游的基岩区 BZ1 再次被侵蚀，剪出口宽度显著增加。

3.2.3　滑坡机制

CZ3-1 子区的失稳是其坡脚被滑坡碎屑铲刮侵蚀的结果。

CZ1 区的失稳机制可以用图 3.24(a)所示的失稳模型加以说明。该模型是 Min 等[7]早期针对某矿山边坡安全提出的。在该模型中，碎裂基岩的作用类似于挡土墙，不容易被剪断。但是随着边坡的变形，滑体解体为Ⅰ和Ⅱ两部分，其中Ⅰ部分的作用类似于岩楔，其沉降会引起Ⅱ部分旋转，降低其底部的法向应力，甚至出现拉破坏。当Ⅱ部分的法向应力降低到一定程度时，斜坡的抗剪能力降低导致边坡的整体破坏。图 3.24(b)证明了白格"11·3"滑坡发生前 CZ1 区的这种变形破坏模式的确存在。从滑坡前的变形监测成果来看，这类失稳模式具有脆性破坏的特点，破坏发生前并不需要存在太大的变形。

我们将这类破坏模式命名为楔劈效应。

(a)　　　　　　　　　　　　　　　　　(b)

图 3.24　白格"11·3"滑坡失稳模式与沉降区证据
(a)失隐模型；(b)滑坡后缘的沉降变形特征

3.3　本 章 小 结

基于 2018 年 10 月至 2020 年 4 月的现场调查成果，本章结合现场地质条件，分析了白格"10·10"滑坡和白格"11·3"滑坡的成因机制与运动堆积过程，估算了滑坡的最大运动速度。

(1)白格"10·10"滑坡是河谷下切过程中岸坡长期地貌演变的结果。除片理面外，滑坡区岩体不存在显著的优势结构面，但是风化和卸荷作用对滑坡的形成与演化作用显著。滑坡的主要诱发因素为重力，地震和降雨对滑坡变形演变过程有促进作用。

（2）白格"10·10"滑坡属于高位、高剪出口、高速、非完全非对称楔形体滑坡。滑坡的滑动与堆积过程具有鲜明的特点，包括初速度、碎屑碰撞、激起的高速射流、滑坡坝次级滑移等。滑坡方量约 $1870×10^4m^3$。

（3）滑坡启动至堆积过程大致可以划分为 6 步：主滑区和阻滑区启动；牵引区启动；形成碎屑侵蚀区；碎屑碰撞与激起的射流和水雾；滑坡坝的次级滑移；堆积区的表面冲刷。估算的滑坡的最大速度可达 67m/s。

（4）白格"11·3"滑坡的主要物源来自裂缝区 CZ1 左侧、以全风化蛇纹岩为主体的部分，其次为 CZ3-1 子区靠近白格"10·10"滑坡边界的片麻岩和弱风化花岗斑岩。总方量约 $630×10^4m^3$。

（5）CZ1 区的失稳可用楔劈效应模型解释，而 CZ3-1 子区的失稳则是滑坡碎屑铲刮其坡脚的结果。即 CZ3-1 子区失稳出现在 CZ1 区之后。

（6）白格"11·3"滑坡虽然方量小于白格"10·10"滑坡，但是由于滑坡碎屑叠加效应，滑坡坝增高了 35m，潜在威胁更大。

从白格"11·3"滑坡事件来看，由构造混杂岩构成的岸坡变形破坏规律十分复杂，仅靠经典的岩体结构控制论不能完全解释其行为。岩性的软弱程度及其分布对边坡的变形破坏存在重要影响。这是保证裂缝区其他部分安全必须考虑的一个重要因素。

参 考 文 献

[1] Zhang Z, He S M, Liu W, et al. Source characteristics and dynamics of the October 2018 Baige landslide revealed by broadband seismograms[J]. Landslides, 2019, 16: 777-785.

[2] 邓建辉, 高云建, 余志球, 等. 堰塞金沙江上游的白格滑坡形成机制与过程分析[J]. 工程科学与技术, 2019, 51(1): 9-16.

[3] Chen F, Gao Y J, Zhao S Y, et al. Kinematic process and mechanism of the two slope failures at Baige Village in the upper reaches of the JinShan River, China[J]. Bulletin of Engineering Geology and the Environment, 2021, 80(4): 3475-3493.

[4] 许强, 郑光, 李为乐, 等. 2018 年 10 月和 11 月金沙江白格两次滑坡-堰塞堵江事件分析研究[J]. 工程地质学报, 2018, 26(6): 1534-1551.

[5] Scheidegger A E. On the prediction of the reach and velocity of catastrophic landslides[J]. Rock Mechanics, 1973, 5(4): 231-236.

[6] 李宗亮, 巴仁基. 西藏江达县金沙江滑坡应急监测项目监测简报 6 号[R]. 成都: 中国地质调查局成都地质调查中心, 2018.

[7] Min H, Deng J H, Wei J B, et al. Slope safety control during mining below a landslide[J]. Science in China, 2005, 48 (S1): 47-52.

第 4 章

堰塞湖诱发灾害

本章介绍白格"10·10"滑坡和白格"11·3"滑坡堰塞湖的形成与消亡过程，以及形成过程中的淹没灾害和消亡过程中诱发的灾害情况。

4.1 白格"10·10"滑坡堰塞湖淹没与塌岸灾害

4.1.1 淹没过程

白格"10·10"滑坡堰塞湖的形成时间为北京时间 2018 年 10 月 10 日 22:05:36，从 12 日 17:15 开始漫溢自然过流；13 日 0:45 堰塞湖坝上水位达到最高值 2932.69m，蓄水量约 2.9×10⁸m³；13 日 1:00 过流明显增加，6:00 过流流量达到最大值约 10000m³/s，此后开始消退；13 日 14:30 基本退至基流[1, 2]。

根据收集的资料，上述水位演变进程大致见表 4.1 和图 4.1。堰塞坝形成后 43.15h 内，水位上涨 47m，堰塞湖蓄满，水位平均上涨速率为 1.09m/h。堰塞坝溃决的时间为 21.25h，平均消落速率为 2.45m/h。这种快速涨落反映了绝大部分堰塞湖的水位变化特征。

表 4.1 白格"10·10"滑坡水位演变进程

序号	时间	历时/h	水位/m	备注
1	2018/10/10 22:05:36	0.00	2884.40	堰塞坝形成
2	2018/10/12 17:15	43.15	2931.40	开始漫坝
3	2018/10/13 0:45	50.65	2932.69	最高水位
4	2018/10/13 6:30	56.40	2924.18	半小时前最大流量 10000m³/s
5	2018/10/13 14:30	64.40	—	退至基流

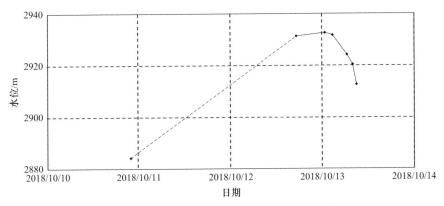

图 4.1　白格"10·10"滑坡堰塞湖水位变化

4.1.2　临近波罗乡的淹没灾害与塌岸

按最高水位 2932.69m 计算，白格"10·10"滑坡堰塞湖的回水长度约 45km(图 4.2)，受堰塞湖淹没与泄水影响的主要是堰塞坝至波罗乡段。波罗乡政府位于藏曲与金沙江交汇口的右岸阶地面上，院坝高程约2930m。白格"10·10"滑坡堰塞湖淹没了乡政府办公楼、乡中心小学教学楼，以及周边热多村居民楼的第一层(图 4.3，图 4.4)，被淹没的还包括跨越藏曲前往乡政府的石拱桥(高程约

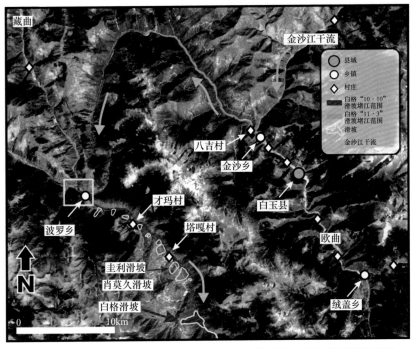

图 4.2　白格"10·10"滑坡和白格"11·3"滑坡堰塞湖淹没范围示意图

2925m,见图4.5),中国电建集团成都勘测设计研究院有限公司勘探营地(图4.6),热多村沿江的约4.3hm²田地,以及省道S201。这一带的藏式民居一般为两层,一层外围为干打垒土墙,内置原木框架支撑木结构二层。土墙极不耐水泡,水浸过的房屋基本上难以留存(图4.7),仅有用砂浆涂抹过的外墙在短期水浸下可以幸存,这点可从后续的图片中得到证实。退水后藏曲沿岸的塌岸较为严重(图4.4~图4.6,图4.8,图4.9),这主要与藏曲波罗乡段一级阶地胶结差、坡度较陡有关。

图4.3 白格"10·10"滑坡和白格"11·3"滑坡堰塞湖波罗乡淹没范围示意图

图4.4 波罗乡淹没与塌岸情况 　　　图4.5 藏曲石拱桥与坍塌的省道S201

图 4.6　中国电建集团成都勘测设计研究院有限公司勘探营地塌岸情况

图 4.7　热多村民居倒塌情况

图 4.8　藏曲左岸波罗乡法院塌岸情况[3]　　图 4.9　藏曲波罗乡政府上游河段塌岸情况[3]

4.1.3　省道 S201 沿途淹没灾害与塌岸

退水后的调查显示，省道 S201 热多村至塔贡果园段主要为粉细砂层，塌岸严重，导致公路基本完全毁坏(图 4.10)。

图 4.10　省道 S201 热多村段塌岸情况

省道 S201 塔贡果园至才玛村段高程较低，公路基本上被淹没，但是岸坡为基岩，未见明显的塌岸现象(图 4.11)。才玛村 1 户房屋因淹没而坍塌，农田淹没约 6.5hm²(图 4.12)。塔嘎村全部淹没，包括村委会等 4 户房屋全部坍塌，淹没农

图 4.11　省道 S201 塔贡果园段塌岸情况
(a)镜向下游；(b)镜向上游(左岸淹没痕迹明显)

田约 3.2hm²。塔嘎村对岸坡积层有塌岸现象，其下游的圭利滑坡未见宏观变形，但是前缘存在塌岸(图 4.13)。

图 4.12 才玛村淹没与周边岸坡塌岸情况

图 4.13 塔嘎村淹没与周边岸坡塌岸情况

4.2 白格"11·3"滑坡堰塞湖淹没与塌岸灾害

4.2.1 淹没过程

白格"11·3"滑坡堰塞坝比白格"10·10"滑坡堰塞坝高约 35m，垭口高程约 2966.5m，[4]若不人工干预，自然泄流时的蓄水量可达 7.75×10⁸m³(图 4.14)，淹没和溃决洪水造成的灾害将更为严重。因此，自 11 月 8 日晚开始在白格"10·10"滑坡泄流槽部位人工开挖泄流槽，以降低堰塞湖的蓄水量。泄流槽底板高程 2952.5m，预期减少库容约 2.0×10⁸m³，降低溃口峰值流量约 18000m³/s。

白格"11·3"滑坡堰塞湖形成与演变过程见表 4.2 和图 4.15，关键节点简述如下[2,5]：2018 年 11 月 3 日 17:21，白格"11·3"滑坡堰塞坝形成，堰塞湖水位为 2892.84m，上游来水量约为 700m³/s；12 日 4:45，堰塞湖水位上升至 2952.52m，

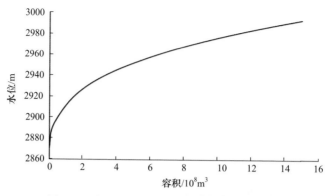

图 4.14　白格"11·3"滑坡堰塞湖库容曲线[5]

达到泄流槽进口处底板高程，湖水进入人工泄流槽；12 日 10:50，泄流槽全程进水，流量为 $1\sim3m^3/s$，泄流槽入口处水流流速为 $1.0\sim1.5m/s$；13 日 13:45，堰塞湖达到最高水位 2956.40m，相应库容为 $5.78\times10^8m^3$；13 日 18:00，溃口出现峰值流量，为 $31000m^3/s$，此时的水流流速为 10m/s；11 月 14 日 8:00，溃口流量与基流基本一致，堰塞湖水位下降至 2905.75m，溃决过程停止。

表 4.2　白格"11·3"滑坡堰塞湖水位演变进程

序号	时间	历时/h	水位/m	备注
1	2018/11/3 17:21	0.00	2892.84	堰塞坝形成，流量约700m³/s
2	2018/11/12 4:45	203.40	2952.52	湖水进入人工泄流槽
3	2018/11/12 10:50	209.48	2953.29	泄流槽全程进水
4	2018/11/13 13:45	236.40	2956.40	最高水位，库容约为5.78×10⁸m³
5	2018/11/13 18:00	240.65	2940.38	峰值流量约31000m³/s
6	2018/11/14 8:00	254.65	2905.75	退至基流

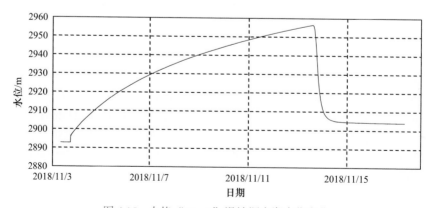

图 4.15　白格"11·3"滑坡堰塞湖水位变化

白格"11·3"滑坡堰塞湖用了约 8.5 天(203.40h)水位才上升至人工泄流槽底板高程,水位上涨 59.68m,平均上涨速率为 0.29m/h。而堰塞坝溃决的时间约为 2.1 天(51.25h),平均消落速率为 0.91m/h。水位的上涨速率和消落速率均小于白格"10·10"滑坡堰塞湖,原因是随着水位上升,河道更为宽阔,同时也与冬季上游入库流量逐渐降低有一定关系。

按最高水位 2956.40m 计算,白格"11·3"滑坡堰塞湖的回水长度约 70km(图 4.2)。

4.2.2 水位上升过程中的淹没灾害

11 月 9 日 16:00~16:30(对应水位 2943.23m),作者自堰塞坝乘坐冲锋舟返回波罗乡,沿途所见示于图 4.16。藏曲左岸公路大约还高于水面 3m,波罗寺暂时安全[图 4.16(a)],但是波罗乡法院大楼一楼已经进水[图 4.16(b)],中国电建集团成都勘测设计研究院有限公司勘探营地已经全部位于水下,原停放在营地边的勘探船部分已经漂流到堰塞坝附近[图 4.16(c)]。藏曲右岸的波罗乡政府大楼已经淹到第五层[图 4.16(d)],中心小学教学楼仅可见顶部的女儿墙[图 4.16(e)]。原热多村倒塌的房屋第二层木结构也漂向下游[图 4.16(f)],其他高程较低的房屋也多受淹[图 4.16(d)、(e)]。塔贡果园一带的房屋已经离水面距离不大

图 4.16 11 月 9 日 16:30 波罗乡至堰塞坝淹没情况
(a)波罗寺;(b)波罗乡法院大楼;(c)勘探船;(d)波罗乡政府大楼;(e)中心小学教学楼顶;(f)房屋第二层木结构;(g)塔贡果园;(h)才玛村;(i)塔嘎村

[图 4.16(g)]，才玛村受淹房屋数量增加[图 4.16(h)]，而塔嘎村最后一户已经处于淹没边缘[图 4.16(i)]。水位上涨期的塌岸似乎并不严重，圭利滑坡的塌岸还是白格"10·10"滑坡堰塞湖形成的，未见新的坍塌迹象。

4.2.3 最高水位淹没灾害

2018 年 11 月 13 日 13:45 堰塞湖上涨至最高水位后，整个波罗乡，包括中心小学、波罗乡法院大楼和热多村大部基本上淹没在水下，波罗乡政府大楼淹没至第九层(图 4.17)。波罗寺主寺基础淹没约 30cm，因外表砂浆糊面未出现严重问题，故仅墙面开裂了一条小缝，但是周边最高水位以下的其他寺庙建筑基本倒塌殆尽(图 4.18)。热多村的民居也基本类似，仅残留基础位于最高水位以上的部分房屋(图 4.19)。砖混结构的房屋淹没后未见坍塌现象(图 4.20)，但是退水后藏曲受淹部分岸坡塌岸极为严重(图 4.17，图 4.21)。

图 4.17　白格"11·3"滑坡堰塞湖波罗乡淹没情况

白玉县金沙乡位于偶曲河口左岸，基本淹没在水下。但是由于其建筑物基本为砖混结构，没出现倒塌情况(图 4.22)。存在房屋倒塌的是其下游、金沙江左岸的八吉村(图 4.23)。虽然墙体均为干打垒，但是表层砂浆涂抹短期内对保护墙体避免浸水崩解还是有作用的。金沙江沿岸存在塌岸现象，左岸简易公路无法通行，但是总体而言并不严重(图 4.24)。

堰塞坝至波罗乡段受影响最大的是才玛村和塔嘎村。才玛村除了上部的 6 户人家幸免外，下部的 9 户人家全部淹没损坏[图 4.25(a)]，其上游修建新公路的 6 台施工机械也全部淹没在水下[图 4.25(b)]；塔嘎村已完全淹没损毁。

图 4.18　波罗寺临近建筑淹没损坏情况

图 4.19　热多村淹没损坏情况

图 4.20　波罗乡某公共建筑淹没情况　　　　　　　　图 4.21　藏曲塌岸情况

图 4.22　白玉县金沙乡淹没情况

图 4.23 八吉村水淹损毁情况

图 4.24 偶曲河口下游金沙江塌岸情况

图 4.25 才玛村附近淹没损失情况
(a)才玛村；(b)才玛村上游

4.2.4 水位快速消落诱发的灾害

白格"11·3"滑坡堰塞湖水位快速消落诱发的塌岸比白格"10·10"滑坡堰塞湖严重，部分地段形成类似人工水库水位消落带的表层塌岸(图 4.26)。这可能与白格"11·3"滑坡堰塞湖淹没时间较长有关。

堰塞湖水位消落诱发的滑坡灾害包括藏曲的法院滑坡(图 4.17)和波罗寺上游沿省道 S201 同波段的滑坡，均造成公路中断。金沙江干流水位消落也导致圭利滑坡与肖莫久滑坡的复活(图 4.2)。

圭利滑坡位于白格"11·3"滑坡堰塞坝上游 6.5km，地理坐标为东经 98°41′26″，北纬 31°07′49″，其滑坡前缘高程约为 2893m，后缘高程约为 3286m，

图 4.26　圭利滑坡对岸塌岸情况

相对高差为 393m。该滑坡平面纵长约 800m，前缘横宽约 655m，顶部横宽约 690m，滑坡平均宽度约 680m，平面面积约 48.6×10⁴m²，滑坡主滑方向为 N50°E，平均坡度为 23°（图 4.27）。滑坡区岩性为元古宇雄松群片麻岩组。据当地老百姓介绍，受 20 世纪 40 年代的地震影响，圭利滑坡发生变形破坏，形成明显的滑坡陡坎和台地。目前在滑坡区上侧的台地中，部分已经搬迁的老房子出现多处裂缝（见图 4.27 的照片 P1），马刀树现象也十分普遍（见图 4.27 的照片 P2）。白格"10·10"滑坡堰塞湖水位消落期间其前缘存在塌岸现象，但是未出现整体变形。白格"11·3"滑坡堰塞湖的水位消落复活了该滑坡的前缘，2019 年省道 S201 持续变形，路面一直处于维修保通状态。2019 年 3 月初的路面形态见图 4.27 的照片 P3 和 P4。

肖莫久滑坡位于白格堰塞坝上游 5km，地理坐标为东经 98°41′52″，北纬 31°07′23″，其平面形态呈不规则"三角形"，滑坡前缘高程约为 2890m，后缘高程约为 3644m，相对高差为 754m。该滑坡平面纵长约 1410m，前缘横宽约 1130m，顶部横宽约 320m，滑坡平均宽度约 1105m，平面面积约 122×10⁴m³。滑坡主滑方向为 N54°E，平均坡度为 25°（图 4.28）。滑坡区岩性主要为元古宇雄松群片麻岩组，局部可见细粒闪长岩。滑坡左侧边界为一条切割较深的冲沟，上部深度为 2～6m，下部深度为 50～70m。该滑坡在省道 S201 的变形特征不显著，但是 2019 年 5 月的现场详细调查发现其后缘变形较为严重，已经形成宽约 20cm 的环形裂缝，有整体复活趋势（见图 4.28 的照片 P1 和 P2）。

图 4.27　圭利滑坡变形

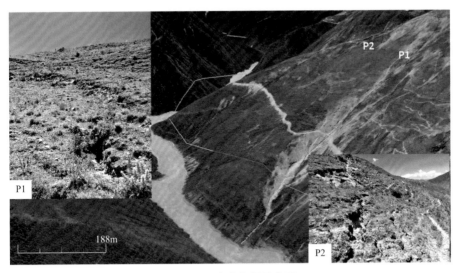

图 4.28　肖莫久滑坡变形

对比白格"10·10"滑坡堰塞湖和白格"11·3"滑坡堰塞湖，白格"11·3"滑坡堰塞湖的水位上涨与消落速度都要小得多，但是产生的灾害却要严重。推测淹没时间和水位消落差的大小作用更为显著。

4.3 本章小结

本章总结了白格"10·10"滑坡堰塞湖和白格"11·3"滑坡堰塞湖诱发灾害情况。

(1)白格"10·10"滑坡堰塞湖和白格"11·3"滑坡堰塞湖的回水长度分别为45km和约70km，坝前最高水位分别为2932.69m和2956.40m，存续时间分别为64.40h和254.65h。

(2)淹没范围和损失主要受水位控制，白格"10·10"滑坡堰塞湖的淹没损失主要为江达县波罗乡及其下游沿岸村庄和省道S201，白格"11·3"滑坡堰塞湖的淹没损失则延伸至白玉县金沙乡。

(3)主要灾害损失为藏式民居倒塌，其次是公路淹没和水位消落诱发的塌岸。藏式民居的干打垒土墙不具备抗水侵蚀能力。

(4)塌岸在波罗乡藏曲两岸较为严重，其次是金沙江右岸热多村至塔贡果园段，均为河流阶地。规模较大的滑坡均为白格"11·3"滑坡堰塞湖水位消落诱发，包括藏曲左岸的法院滑坡、波罗寺上游沿省道S201同波段的滑坡，以及圭利滑坡和肖莫久滑坡的复活。

(5)与蓄泄水速度相比，滑坡和塌岸受水位消落差和浸泡时间长短影响似乎较大。

参 考 文 献

[1] 陈祖煜, 张强, 侯精明, 等. 金沙江"10·10"白格堰塞湖溃坝洪水反演分析[J]. 人民长江, 2019, 50(5): 1-4, 19.

[2] 蔡耀军, 栾约生, 杨启贵, 等. 金沙江白格堰塞体结构形态与溃决特征研究[J]. 人民长江, 2019, 50(3): 15-22.

[3] 昌都市国土资源局. 昌都市"10.11"白格特大型滑坡金沙江沿岸江达、贡觉和芒康三县地质灾害巡查排查报告[R]. 昌都: 昌都市国土资源局, 2018.

[4] 黄艳, 马强, 吴家阳, 等. 堰塞湖信息获取与溃坝洪水预测[J]. 人民长江, 2019, 50(4): 12-19, 52.

[5] 钟启明, 陈生水, 单熠博. 金沙江白格堰塞湖溃决过程数值模拟[J]. 工程科学与技术, 2020, 52(2): 29-37.

第5章
堰塞坝溃决洪水灾害

本章首先描述白格"10·10"滑坡堰塞坝和白格"11·3"滑坡堰塞坝堆积体结构特征,其次介绍溃决洪水演进过程与现场实测洪水水位数据,最后讨论洪水演进过程中诱发的各类灾害特征。

本章中部分内容在参考文献[1]、[2]中已有介绍,但是本章做了进一步完善和补充。

5.1 堰塞坝堆积体结构特征

3.1.2 节已经介绍了白格"10·10"滑坡堰塞坝的堆积特征,本节将进一步阐述堰塞坝堆积体结构特征。白格滑坡堰塞坝的纵剖面图见图 5.1。总体特征是左高右低,左岸最大高程为 3005m,右岸垭口最大高程为 2931.4m,构成了溃口的起点。

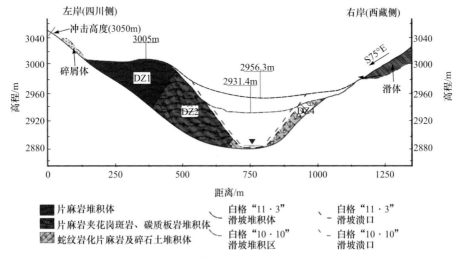

图 5.1 白格滑坡堰塞坝纵向地质剖面图

表 5.1 和图 5.2 给出了中国水利水电科学研究院完成的白格"10·10"滑坡

堰塞坝堆积体颗粒分析结果。两组样品均去掉了粒径大于 100mm 的粗碎石，每组结果为三个颗粒分析样品的平均值。根据《岩土工程勘察规范》(GB 20021—2001)的砾石土分类方案，参看图 5.3 和图 5.4，右侧样品为来自 Z1 区的全强风化蛇纹石化片麻岩(图 5.3)，颗粒分析结果基本上可代表右侧堆积体结构特征；左侧样品为来自 Z3 区的弱风化片麻岩(图 5.4)，颗粒分析结果未包含碎块石，还需要修正。

表 5.1　堰塞坝堆积体颗粒分析结果

参数		粒径/mm										
		100	60	40	20	10	5	2	1	0.5	0.25	0.1
小于某粒径的颗粒百分数含量/%	左侧	100.0	95.3	89.5	79.5	70.8	56.9	42.7	28.1	19.4	15.1	3.7
	右侧	100.0	99.7	97.0	91.8	84.9	71.9	58.1	40.3	28.3	22.0	2.2

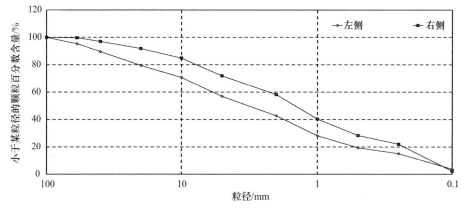

图 5.2　白格"10·10"滑坡堰塞坝颗粒分析曲线

图 5.3　白格"10·10"滑坡堰塞坝右侧垭口表面堆积体结构特征(中国水电水利规划设计总院)

图 5.4　白格 "10·10" 滑坡堰塞坝左侧表面堆积体结构特征

两组颗粒分析样品的颗粒分析曲线相近，2mm 以下的较细颗粒含量均较高，这可能与构造混杂岩的结构特征有关。

白格 "11·3" 滑坡堰塞坝堵塞的是白格 "10·10" 滑坡堰塞坝的泄流槽，但是垭口高程有所增加，达 2956.3m；垭口堰塞坝物质的主要来源仍然是 Z1 区的全强风化蛇纹石化片麻岩，因此，白格 "11·3" 滑坡堰塞坝剖面特征仍然维持左高右低、左粗右细的格局。

图 5.5 给出了两起滑坡堰塞坝沿河方向的横向剖面图。剖面图均以精度为 0.2m 的 DEM 数据为基础制作，其中白格 "10·10" 滑坡堰塞坝的上游坝坡堆积坡度为 9°（坡比 1∶6.3），下游坝坡坡度为 3°（坡比 1∶19.1）；白格 "11·3" 滑坡堰塞坝的上游坝坡堆积坡度为 11°（坡比 1∶5.1），下游坝坡坡度为 5°（坡比 1∶11.4）。最大坡比 1∶5.1，远小于高土石坝常见坡比 1∶2.2～1∶2.4，即堰塞坝坝坡稳定性良好。

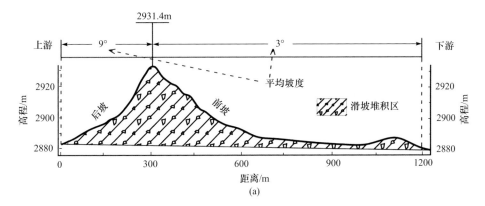

(a)

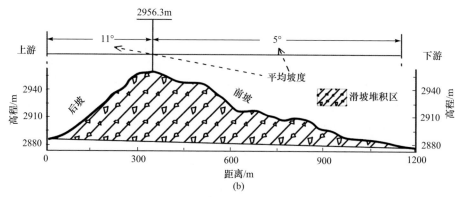

图 5.5　堰塞坝沿河方向的横向剖面图
(a)白格"10·10"滑坡堰塞坝；(b)白格"11·3"滑坡堰塞坝

5.2　堰塞坝溃决洪水演进过程

　　白格"10·10"滑坡和白格"11·3"滑坡均为高速滑坡，堰塞坝体堆积密实。堰塞坝沿河道宽度达 1200m，最大坡比 1∶5.1，远小于稳定坡比。从图 5.2 来看，堰塞坝细颗粒含量高、级配较均匀。这些特点决定堰塞坝发生管涌侵蚀破坏或坝坡再次失稳的概率均很低，漫坝溃决可以说是堰塞坝失稳形式的唯一选项，而右侧垭口部分堰塞坝的高细颗粒含量、低抗冲刷能力也决定了溃坝进程的迅捷。

5.2.1　白格"10·10"滑坡堰塞坝溃决洪水演进过程

　　白格"10·10"滑坡堰塞坝溃决洪水演进过程见图 5.6，简述如下。

　　(1)2018 年 10 月 10 日。22:05:36，白格"10·10"滑坡堰塞坝形成。

　　(2)2018 年 10 月 12 日。17:15 金沙江白格堰塞湖开始自然溢流，此时上游来水量约 1700m³/s。过流量逐渐加大，18:40 流量为 20～30m³/s。

　　(3)2018 年 10 月 13 日。0:45 堰塞湖上游水位达到洪峰水位 2932.69m，相应的蓄水量为 2.9×10⁸m³；6:00 左右堰塞湖达最大泄洪流量约 1.0×10⁴m³/s；8:00 左右位于堰塞坝下游 54km 处的叶巴滩水电站出现峰值流量为 7800m³/s，峰值水位为 2743m；9:00 左右右岸龙口完全被冲开，堰塞湖入库流量为 1350m³/s，出库流量为 5000m³/s，坝前水位下降约 20m；14:00 溃口流量衰减至 1700m³/s；15:00 洪峰过境下游 190km 处的巴塘水文站，流量 7850m³/s，峰值水位为 2487.17m；18:30 苏洼龙水电站达到洪峰流量 7850m³/s，超过 100 年一遇洪水峰值；22:00 前后，金沙江白格堰塞湖实现"出入库"平衡，即上游来水量与下泄流量相等，形成了开口宽度 152m，底宽 80m，左岸壁高 76m，右岸壁高 52m 的泄流槽。

（4）2018 年 10 月 14 日。10:00 左右溃决洪水的洪峰抵达云南迪庆藏族自治州奔子栏镇，奔子栏水文站达峰值流量为 5880m³/s；12:00 苏洼龙水电站入库流量退到 2000m³/s 左右，最大出库流量 5657m³/s，相当于 10 年一遇洪水峰值。

（5）2018 年 10 月 15。1:00 溃决洪水洪峰过境丽江石鼓水文站，洪峰水位为 1823.07m，相应流量为 5220m³/s；10:00 洪峰进入金沙江中游梨园水库，流量峰值 4850m³/s。

（6）2018 年 10 月 16 日。堰塞湖水位由最高水位 2932.69m 下降至 2894.6m，险情排除。

巴塘水文断面为超历史纪录洪峰流量（4880m³/s）；奔子栏水文断面流量级别在近 30 年间仅次于 2005 年（6700m³/s）与 1998 年（6490m³/s）洪峰；石鼓与梨园断面为常规级别洪水。洪水经金沙江中游梨园、阿海、金安桥等梯级水库拦蓄后（预泄腾库 5.23×10⁸m³），下游干流正常过流。总之，白格"10·10"滑坡堵江时间短，堰塞湖规模较小，溃决洪水对下游的破坏影响有限。

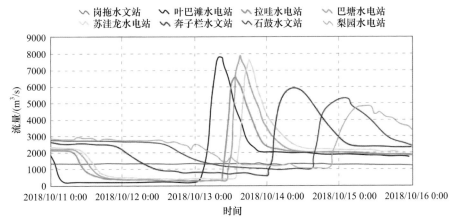

图 5.6　白格"10·10"滑坡堰塞坝溃决洪水演进过程

5.2.2　白格"11·3"滑坡堰塞坝溃决洪水演进过程

白格"11·3"滑坡堰塞坝经人工开挖泄流槽后，堰塞湖蓄水量约 5.5×10⁸m³，蓄水量为白格"10·10"滑坡堰塞湖的近 2 倍，因此溃坝洪水及其诱发的灾害要严重得多。

白格"11·3"滑坡堰塞坝的溃决洪水演进过程见图 5.7，叙述如下：

（1）2018 年 11 月 3 日。17:21 白格"11·3"滑坡堰塞坝形成。

（2）2018 年 11 月 12 日。4:45，堰塞体泄流槽进口底坎开始进水；10:00 左右泄流槽全线过流，流量很小，水流呈涓流状态，库水位略高于2952.52m高程（泄流槽进口底板高程）；随着时间推移，泄流量缓慢增加，18:00时，泄流槽实测流量2.5m³/s。

（3）2018年11月13日。7:50溃口泄流量63.1m³/s，库水位大致在2955.37m（高于泄流槽进口底板2.85m），随后泄流量开始较快增加；11:00溃口泄流量为122m³/s，12:00为218m³/s，13:40为452m³/s；14:20堰塞湖水位达到最高水位2956.40m（此时泄流槽进口底高程为2950m左右），泄流量为718m³/s，随后水位开始下降，而泄流量开始陡增；15:00溃口泄流量增加到5980m³/s；15:30溃口泄流量达到10300m³/s，库水位高程约2955.06m，库容5.24×10⁸m³，现场可观测到堰塞体（右岸侧）已大规模溃决，泄流量急剧增加；15:40溃口泄流量达14170m³/s；18:00溃口泄流量达到31000m³/s（水利部推算认为此流量值为峰值流量），流速达10m/s左右，库水位高程为2940.38m，随后泄流量开始较快下降；19:00溃口泄流量降为25800m³/s，库水位高程为2931.76m；19:50叶巴滩水电站流量出现峰值为28300m³/s；20:00溃口流量为17430m³/s，库水位高程为2925.13m；21:00溃口流量为11650m³/s，库水位高程为2920.07m；22:00溃口流量为8550m³/s，库水位高程为2911.49m；23:00溃口流量为6710m³/s；24:00溃口流量为5490m³/s，泄流量降幅快速减缓。

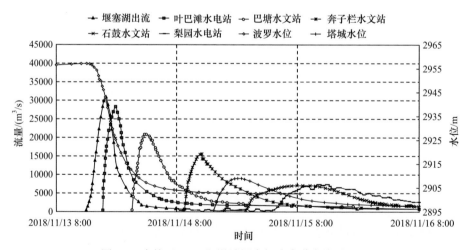

图5.7 白格"11·3"滑坡堰塞坝溃决洪水演进过程

（4）2018年11月14日。1:00溃口泄流量为4020m³/s，对应的库水位高程为2909.87m；1:55洪峰过境巴塘，巴塘水文站实测最大流量为20900m³/s；2:00溃口泄流量为3430m³/s，库水位高程为2908.72m；3:00溃口泄流量为3070m³/s，库水位高程为 2907.92m；4:00 溃口泄流量为 2820m³/s，库水位高程为 2906.62m；5:00 溃口泄流量为 2650m³/s，库水位高程为 2905.75m，泄流量降幅进一步减缓；10:00 金沙江堰塞湖溃决洪水进入云南迪庆藏族自治州境内；奔子栏水文站于 13:00 达最大流量 15700m³/s；15:00 溃决洪水进入丽江市境内；17:00 堰塞湖进出库流量在 580m³/s 左右，达到平衡，剩余库容约 0.6×10⁸m³，库水位高程为 2898.40m，溃坝泄流过程结束。至此，金沙江上下游完全贯通，断流问题解决；20:10 塔城乡水文站水位上涨至 1895.12m。

（5）2018 年 11 月 15 日。8:40 白格堰塞湖洪峰抵达石鼓水文站，洪峰水位 1826.47m，超警戒水位 3.97m，相应流量 7170m³/s；14:00 堰塞湖洪峰进入梨园水库，最大入库流量为 7410m³/s，接近水库 10 年一遇洪水洪峰流量 7540m³/s，最大出库流量为 4490m³/s。由于梨园、阿海和金安桥提前累积腾出 13×10⁸m³ 库容，水位分别降低至 1592.0m、1493.3m、1406.0m 左右，故堰塞坝溃决洪水能以不超过常年洪水流量下泄，溃坝洪水被成功地消纳在金沙江中游。

5.3 溃决洪水灾害调查概况

2018 年 12 月，作者对巴塘县至梨园库区段的溃决洪水灾害进行了调查，其中苏洼龙乡至奔子栏镇的峡谷段因无道路或道路损毁未进行考察。2019 年 3 月考察了波罗乡至巴塘段的部分点位，4 月考察了旭龙坝址至奔子栏段。主要灾害考察点分布见图 5.8。

巴塘县至梨园库区段的溃决洪水灾害调查共计考察了 27 个点，涵盖了主要的受损桥梁、乡镇和水文站。考察点的金沙江水位、洪痕高程及其地理位置等信息汇总如表 5.2 和图 5.9 所示。由于考察期间属于枯水期，各考察点的水深较浅且变化不大，故可将各考察点间的金沙江水力坡降视作河床比降。从图 5.9 可以看出，河底比降从上游至下游整体呈现逐渐变小的趋势，符合金沙江的地势特征。此外，因竹巴龙至奔子栏段的沿江公路受损严重，禁止通行未予以考察，缺乏相关的水位数据，图中竹巴龙至奔子栏段水位变化为两条平行的直线，其平均坡降为 2.34‰。

金沙江上游段（源头至石鼓镇）河长约 965km，落差 1720m，平均坡降为 1.78‰。由表 5.2 数据可计算出巴楚河汇口至石鼓段河长约 424km，落差 696m，平均坡降为 1.64‰，此河段为金沙江上游的后半段，坡降较前半段小，说明所测数据基本合理。

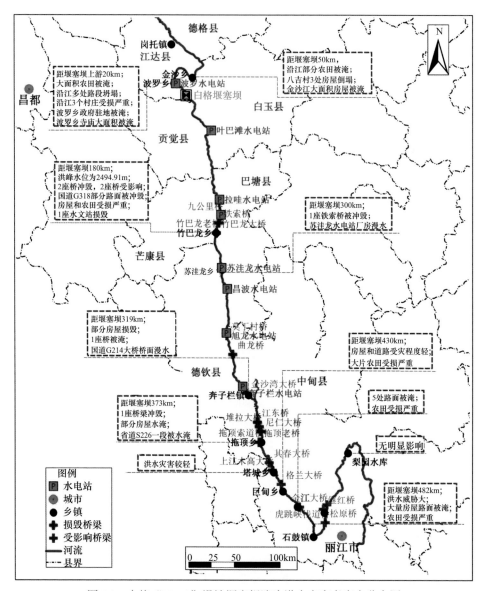

图 5.8　白格"11·3"滑坡堰塞坝溃决洪水灾害考察点分布图

表 5.2　各灾害考察点数据信息表

序号	考察点名称	水面高程/m	洪痕高程/m	距白格堰塞湖/km	距上一考察点间坡降/‰
1	九公里桥	2493.98	2512.79	160.66	—
2	水磨沟村	2484.06	2505.68	165.12	2.23
3	铁索桥	2477.99	2500.68	170.00	1.24

续表

序号	考察点名称	水面高程/m	洪痕高程/m	距白格堰塞湖/km	距上一考察点间坡降/‰
4	竹巴龙大桥	2476.71	2494.99	181.85	0.11
5	奔子栏镇（金沙湾大桥）	1999.05	2019.48	385.68	2.34
6	奔子栏古堰塞湖	1997.17	2018.87	388.71	0.62
7	叶央村卫生站	1994.83	2012.30	393.40	0.50
8	卫生站下游测点	1986.73	2010.00	395.88	3.27
9	江东桥	1952.12	1968.80	425.12	1.18
10	堆拉大桥	1951.24	1966.67	430.99	0.15
11	尼仁大桥	1932.35	1948.99	436.76	3.27
12	拖顶桥	1919.60	1938.52	449.90	0.97
13	其春大桥	1892.66	1911.01	476.73	1.00
14	上江木高大桥	1884.18	1896.60	489.10	0.69
15	格兰大桥	1859.95	1870.04	509.96	1.16
16	巨甸乡	1849.00	1869.86	519.81	1.11
17	塘上村	1843.00	1853.90	538.42	0.32
18	金江大桥	1835.22	1849.42	546.00	1.03
19	石鼓水文站上游测点	1828.87	1840.04	558.69	0.50
20	石鼓水文站	1817.36	1826.97	582.28	0.49
21	长江第一湾	1810.95	1816.87	584.63	2.73
22	长江第一湾下游测点	1808.47	1824.27	596.70	0.21
23	松原桥	1803.34	1819.81	605.15	0.61
24	继红桥	1803.02	1815.42	620.70	0.02
25	虎跳峡栈道桥	1801.44	1809.81	627.46	0.23
26	上虎跳峡	—	1809.14	630.64	—
27	梨园库区渡口	1616.09	—	649.26	—

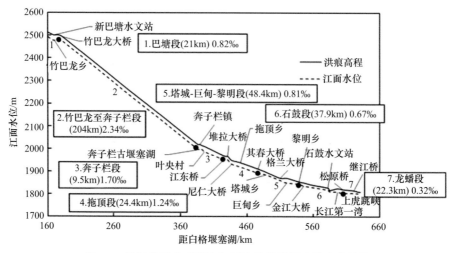

图 5.9　沿江各受灾考察点江面水位及洪峰水位变化趋势

5.4　在建水电站的水毁损失

金沙江上游始于青海省玉树巴塘河口，终于云南省丽江市玉龙纳西族自治县石鼓镇，河长约 965km，落差 1720m，平均坡降 1.78‰。水电开发共规划 13 个梯级电站(图 5.10)。2018 年仅有叶巴滩、拉哇、巴塘和苏洼龙 4 个水电站(第七至第十级)在建，其他电站均未动工。

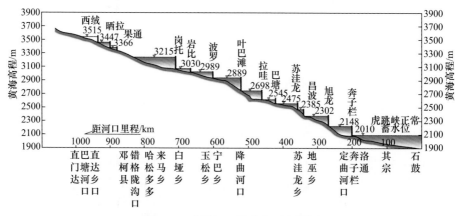

图 5.10　金沙江上游水电开发规划

白格"11·3"滑坡堰塞坝溃决洪水在 4 个在建电站坝址的洪峰流量见表 5.3，均超过万年一遇洪水标准。因此，洪水过境造成的冲刷损毁严重[3]。

2018 年 10 月，叶巴滩水电站左右岸导流洞已经完工，工程进度处于截流前

夕。白格"11·3"滑坡堰塞坝的溃决洪水过境时，导流洞洪水冲刷严重，沿江
工程设施损毁殆尽，包括1座在建永久大桥桥基、桥钢拱架和附属设施(图5.11)，
2座跨江索桥，1座炸药库，截流道路，9km进场公路路面和挡护设施，供电、
供风、照明设施，临时设施(包括钢筋加工场、临时营地和环保设施)与水情测报
系统等。

表5.3　主要水文站洪峰数据

参数	溃口	叶巴滩坝址	拉哇坝址	巴塘坝址	巴塘水文站	苏洼龙坝址	奔子栏水文站	石鼓水文站	梨园水电站
距堰塞坝距离/km	0	54	135	158	190	224	380	557	671
时间	13日18:09	13日20:00	13日23:15	14日1:00	14日1:40	14日3:50	14日13:15	15日8:40	15日12:30
最大流量/(m³/s)	31000	28300	22000	21200	20900	19800	15700	7170	7200
校核洪峰流量/(m³/s)	—	10100*	11900**	10500*	—	12500**	—	—	—

*5000年一遇洪水；**可能最大洪水

图5.11　叶巴滩水电站永久大桥水毁情况
(a)洪水前；(b)过洪后

拉哇水电站与巴塘水电站均处于施工准备期。洪水过境时，拉哇水电站的1
座跨江索桥冲毁(图5.12)；2个隧洞江水倒灌，淤积严重；1.5km路基垮塌；拉
哇沟工区和4号洞洞口2个工区设备、砂石混凝土系统设备和场地设备设施全部
冲毁。巴塘水电站水毁设施包括场内2座索桥，3km道路路基和挡护设施，2座
渣场沿江挡墙，1座变电站基础挡墙和1座炸药库。

苏洼龙水电站的上下游围堰已经完工，正在进行防渗墙施工。溃坝洪水过境
时，围堰一旦失稳洪水会形成叠加效应，加重溃坝洪水灾害。这是工程安全需要
考虑的最重要因素。

图 5.12　拉哇水电站水毁索桥(洪水前)

　　白格"10·10"滑坡堰塞坝溃坝前,相关单位进行过推演:各种工况下白格"10·10"滑坡溃坝洪水的上游围堰最高挡水位均低于 2432m(堰顶高程)[4]。白格"10·10"滑坡溃决洪水演进期间,围堰堰前最高水位为 2426.34m,与推演结果接近。白格"11·3"滑坡堰塞湖的库容大,经推演其溃决洪水在苏洼龙水电站上游围堰堰前最高水位为2448.35m,高于堰顶高程 2432m 达 16.35m。经多方案论证,为减轻上游围堰溃决洪水对下游的影响,决定对上游围堰采取主动破口,开挖泄流槽措施。

　　上游围堰于11月7日0:07开始破口施工,于11月10日22:10完成[图5.13(a)]。下游围堰于 11 月 8 日 1:40 开始破口施工,于 11 月 10 日 16:06 完成作业。11 月14 日 2:25 上游围堰堰前水位达到最高值 2417.6m,3:50 入库洪峰达到最高值19800m³/s,超过了苏洼龙水电站可能最大洪水(PMF)设计洪峰流量 12500m³/s。洪水过境后上游围堰冲毁宽度约 285m[图 5.13(b)];混凝土防渗墙盖帽约 150m范围破坏严重,盖帽被冲走,下部防渗墙顶部被破坏,部分防渗墙盖帽未冲毁段,锚固的土工膜已被拉断。下游围堰损坏情况比上游围堰略轻, 冲毁宽度约219m(图 5.14);防渗墙盖帽约 30m 范围被冲走,下部防渗墙顶部被破坏。大坝

图 5.13　苏洼龙水电站上游围堰(中国电建集团北京勘测设计研究院郭兴提供)
(a)泄流槽开挖; (b)洪水后

图 5.14　苏洼龙水电站下游围堰(中国电建集团北京勘测设计研究院郭兴提供)
(a)洪水前；(b)洪水后

基坑淤积厚度约 26m，厂房基坑淤积厚度约 20m，装卸间墙体钢筋全部损坏。1座沥青拌和系统被冲毁，场内 2 座索桥桥台边坡冲刷严重，基本失去使用功能，2 座渣场挡护设施严重冲毁，引水隧洞下支洞进水淤积严重，下游护岸工程被严重冲毁。

4 个库区的岸坡冲刷或局部塌岸较为严重(图 5.15)，但是未见严重的由于坡脚冲刷而引起的滑坡或滑坡复活现象。这可能与 4 个库区基本上为峡谷河道，岸坡以基岩为主，同时河谷为干热河谷、溃坝洪水过境较快等因素有关。

图 5.15　水电站岸坡冲刷现象
(a)叶巴滩坝址；(b)巴塘水电站特米滑坡前缘

总之，4 个在建水电站工程的损失较为严重，据水电水利规划设计总院统计数据，直接经济损失约 11.88 亿元。

5.5　沿江桥梁水毁损失

金沙江巴曲河口至竹巴龙段全长约 25km，沿江有已建成的九公里桥、水磨沟村下游的简易铁索桥、竹巴龙老桥以及国道 G318 连接川藏的竹巴龙大桥。九公里桥和水磨沟村桥均属于铁索桥。桥面高程均较低，当洪水漫过其桥面时，缆绳和桥面散架不可避免。九公里桥洪峰水位 2512.79m，高出桥面近 8.5m，洪水过境后旧桥除了桥塔和悬索外其他结构基本都被损毁（图 5.16）。该桥桥塔基础为基岩，抗冲刷能力较强，新、旧桥塔保留较完整。水磨沟村下游的新悬索桥洪峰水位 2500.68m，高出桥面 10m 左右。洪水过境时新桥已经接近完工。该桥的塔基为桩基，虽然冲刷严重，但是桥塔保留较为完好。问题主要表现在铁索的重力式锚墩没有桩基础，岸坡冲刷塌岸后失稳（图 5.17）。水磨沟村下游的旧铁索桥则完全损毁（图 5.18）。

图 5.16　九公里旧悬索桥
(a) 四川岸；(b) 西藏岸

图 5.17　水磨沟村下游新悬索桥
(a) 四川岸；(b) 西藏岸

　　这类铁索桥桥面都很低，结构也简单，整个金沙江上游河段的铁索桥基本上都损毁殆尽。图 5.19 为苏洼龙乡角比西村损毁的铁索桥。

　　竹巴龙老桥为简支梁桥，位于竹巴龙大桥上游约 550m 处，其桥长约 201m，桥高 8.6m，桥面宽 5m，桥墩高 6.9m。洪水过境后河道中只存留 5 个桥墩，桥墩间距 54.85m，河道中的桥面被全部冲毁，最远被冲至下游约 33.6m。可以从左岸残留桥面上覆盖的泥沙和植被看出，洪水过境时桥面高程低于洪水水位（图 5.20）。

图 5.18　水磨沟村下游旧铁索桥

图 5.19　角比西村损毁的铁索桥

图 5.20   竹巴龙老桥受损现状

(a)左岸残留的桥墩；(b)左岸残留的桥面；(c)被冲至下游的桥面；(d)右岸桥台与河道中残留桥墩

作为连接川藏的重要通道，国道 G318 上的竹巴龙大桥全长 282.48m，10 孔净跨 25m，钢筋骨架装配式混凝土简支 T 形梁，桥宽 8.5m，于 1964 年 7 月 1 日建成通车。在白格"11·3"滑坡堰塞湖溃决洪水过境时，桥面完全淹没在洪水中。在 11 月 14 日 0:45，竹巴龙大桥的桥梁上部结构被洪水冲走[5]。根据现场考察发现，竹巴龙大桥在洪水过境后主要存在的病害有落梁、梁体偏拉、盖梁及墩柱发生不同程度的开裂等。竹巴龙大桥左岸即四川一侧的桥台锥坡破损严重，其河道中的桥墩墩柱及系梁也出现了不同程度的损坏，包括环向及竖向裂纹，如图 5.21 所示。灾情发生后，交通运输部和四川省委省政府高度重视，抢险人员在克服严寒、高原等恶劣的施工环境，以及材料配件短缺、物资运输困难等施工条件，

图 5.21   竹巴龙大桥受损现状

(a)溃决洪水过境竹巴龙大桥；(b)竹巴龙临时战备钢桥；(c)桥墩系梁竖向裂纹；(d)左岸桥台锥坡破损

竹巴龙临时战备钢桥于 12 月 5 日基本建成通车。

因白格 "11·3" 滑坡溃决洪水远超可能最大洪水,整个金沙江上游绝大部分桥梁均遭洪水摧毁。被摧毁的桥梁的桥面高程均低于洪水位高程,与结构形式无关。图 5.22 和图 5.23 为被洪水摧毁的两座连续桥梁。

图 5.22 旭龙水电站库区莫顶村大桥
(a)冲毁前(2018 年 5 月 24 日);(b)冲毁后(2019 年 4 月 17 日)

图 5.23 奔子栏水电站库区曲龙大桥

调查的部分桥梁损毁情况详见表 5.4 和图 5.24。

总体来看,损毁的桥梁基本上位于奔子栏镇上游河段,这基本上反映了两个客观事实。

第一,随着洪水演进,河床糙率作用下洪峰流量会逐步减弱,特别是进入宽谷河段后,河漫滩等的 "坦化" 效应突出,水位降低明显,降低了洪水对奔子栏下游河段的桥梁冲击。

第二,损毁的桥梁要么洪水设计标准偏低(大部分铁索桥),要么洪峰过大(如 G 318 干道上的竹巴龙大桥)。溃决洪水挟带有大量泥沙、石块或其他杂物,一旦洪水水位高于桥面高程,桥梁基本上难逃被冲毁的命运。

表 5.4 白格滑坡堰塞湖下游受损桥梁调查统计表

序号	桥梁名称	经纬度	金沙江水位 H/m	距堰塞湖 D/km	洪痕高程/m	桥面高程/m	桥梁参数	是否冲毁	附图	情况介绍
1	九公里桥	东经 99°03′39.727″，北纬 29°56′12.770″	2493.98	160.66	2512.79	2504.28	悬索桥	是	图 5.24(a)	九公里桥因距离巴塘县有 9km 远而得名，国道 G318 到九公里桥的混凝土路面被洪蚀冲刷严重；其旁边拟被冲走，岸边桥台被洪水侵蚀冲刷严重。国道 G318 上仍有新建混凝土桥的桥台被损毁严重，部分路段受洪水冲刷导致垮塌 泥沙淤积现象，部分路段受洪水冲刷导致垮塌
2	水磨村铁索桥	东经 99°02′09.695″，北纬 29°52′02.166″	2477.99	170.00	2500.68	2489.89	悬索桥	是	图 5.24(b)	铁索桥距水磨沟下游 5km 左右，位于国道 G318 旁，桥面被冲走，桥台遭受严重冲刷；国道 G318 道路损坏，护栏被冲走，路面有泥沙淤积
3	竹巴龙老桥	东经 99°00′41.520″，北纬 29°46′28.780″	2476.71	181.30	2494.99	2485.31	简支梁桥，长 203m，宽 5m	是	图 5.24(c)	竹巴龙老桥在竹巴龙大桥上游约 550m 处，其桥面被全部冲走，桥墩未被冲走，右岸房屋严重受损，房屋基础和墙面被冲毁，左岸农田被大量泥沙覆盖
4	竹巴龙大桥	东经 99°00′38.110″，北纬 29°46′10.126″	2476.71	181.85	2494.99	2481.19	简支梁桥，长 261m，宽 8.5m	是	图 5.24(d)	竹巴龙大桥又名金沙江大桥，是国道 G318 上连接西藏芒康县和四川巴塘县的重要路段，9 跨梁板中有 7 跨被完全冲毁，左岸侧 1 跨梁板严重变位，9 个墩台受损严重，大桥四川岸连接线 23km 几乎全毁。12 月 5 日，国道 G318 线金沙江大桥战备钢桥成功完成桥面板铺设，具备通车能力
5	金沙湾大桥	东经 99°18′18.580″，北纬 28°14′25.360″	1999.05	385.68	2019.48	—	钢筋混凝土梁式桥	否	图 5.24(e)	金沙湾大桥位于竹筏子栏镇处，大桥状况良好，未受溃洪洪水影响
6	江东桥	东经 99°24′44.564″，北纬 27°57′50.265″	1952.12	425.12	1968.80	1966.73	悬索桥	是	图 5.24(f)	江东桥桥面被完全冲毁，桥墩受损程度较轻，右岸有房屋被淹，可看到明显洪痕；左岸省道 S226 部分路段因地势较低被淹，部分路段冲毁

续表

序号	桥梁名称	经纬度	金沙江水位H/m	距堰塞湖D/km	洪痕高程/m	桥面高程/m	桥梁参数	是否冲毁	附图	情况介绍
7	堆拉大桥	东经99°25'50.691", 北纬27°55'13.010"	1951.24	430.99	1966.67	1962.20	悬索桥	是	图5.24(g)	堆拉大桥右岸桥台基础被洪水冲毁，桥梁缆绳也被冲向了下游，左岸省道S226被淹，道路基础和护栏严重损坏
8	尼仁大桥	东经99°26'46.039", 北纬27°52'27.128"	1932.35	436.76	1948.99	1944.38	悬索桥	是	图5.24(h)	尼仁大桥受损严重，桥台完全被洪水冲倒并倾向下游，桥面被冲走，周边农田部分受损，房屋未受洪水影响
9	拖顶新桥	东经99°25'45.040", 北纬27°46'18.250"	1919.60	449.90	1938.52	1937.32	悬索桥	是	图5.24(i)	拖顶新桥在拖顶老桥上游230m远处，拖顶新桥缆绳完全被冲走，桥梁损毁严重，桥面和缆绳全被洪水冲走，右岸为拖顶乡，且有支流珠巴河汇入
10	拖顶老桥	东经99°25'44.548", 北纬27°46'10.808"	1919.60	449.90	1938.52	1937.32	悬索桥	是	图5.24(j)	拖顶老桥受损严重，桥面和缆绳被洪水冲倒，桥台被冲走
11	其春大桥	东经99°31'39.970", 北纬27°34'32.900"	1892.66	476.73	1911.01	1927.21	梁式桥宽10.17m	否	图5.24(k)	其春大桥受洪水影响程度轻，整体状况良好，其下游侧有部分农田受损
12	上江木高大桥	东经99°33'30.525", 北纬27°30'09.997"	1884.18	489.10	1896.65	1895.65	悬索桥	是	图5.24(l)	上江木高大桥的桥面和缆绳完全被洪水冲走，桥台被冲倒，左岸为木高村，右岸省道S226被淹，洪水高过路面约40cm
13	格兰大桥	东经99°38'42.951", 北纬27°22'06.131"	1859.95	509.96	1870.04	1874.72	悬索桥长340m	否	图5.24(m)	格兰大桥为2017年新修的大桥，桥面高于2017年洪水水位，桥梁受洪水影响轻
14	金江大桥	东经99°49'24.800", 北纬27°09'09.030"	1835.22	546.00	1849.42	1852.80	悬索桥	否	图5.24(n)	金江大桥桥面高程高于洪峰水位，桥梁受洪水影响小，下游有部分农田被淹

续表

序号	桥梁名称	经纬度	金沙江水位 H/m	距堰塞湖 D/km	洪痕高程/m	桥面高程/m	桥梁参数	是否冲毁	附图	情况介绍
15	松原桥	东经100°04′20.728″，北纬27°00′15.941″	1803.34	605.15	1819.81	1831.54	钢筋混凝土空腹式箱式拱桥宽9.10m	否	图5.24(o)	松原桥又名松园桥，洪水期间未被淹，仍然照常通车，桥梁状况良好
16	继红桥	东经100°03′15.924″，北纬27°07′53.624″	1803.02	620.70	1815.42	1825.9东经2	钢筋混凝土箱式拱桥，长232m，宽8.53m	否	图5.24(p)	继红桥位于五家人村附近，桥面高程高出洪峰水位近10m，桥未受洪水影响
17	虎跳峡栈道桥	东经100°05′18.650″，北纬27°10′26.820″	1801.44	627.46	1809.81	1817.94	钢板桥	否	图5.24(q)	虎跳峡栈道桥在洪水过境前临时拆除了桥面，但保留有的4个桥墩仍被冲走，该桥上游侧在修建丽香铁路，下游侧在修建丽香高速

　　桥墩抗冲刷能力也是保证桥梁安全的一个重要因素，完整基岩最佳，覆盖层上修建桥梁桩基的质量十分重要。

图 5.24　调查的部分桥梁照片

5.6 沿江村镇水毁损失

本次考察的受损乡镇主要集中在金沙江上游部分河段(竹巴龙乡至石鼓镇)。沿途有三个水文站,分别是巴塘水文站、奔子栏水文站和石鼓水文站。其中巴塘水文站和奔子栏水文站受损严重,而下游的石鼓水文站受损较轻。由于考察时间紧张,仅对受灾较严重的乡镇进行考察调研,具体受灾情况如下。

5.6.1 巴塘县至奔子栏镇

竹巴龙乡位于四川省甘孜藏族自治州巴塘县境内,南靠苏洼龙乡,西与西藏芒康县隔金沙江相望。其中水磨沟村位于竹巴龙乡境内,地理坐标为东经 99°03'14.608",北纬 29°54'27.360",距离巴塘县县城 13km,距白格堰塞湖 165km。洪水过境时水磨沟村部分民房倒塌,村民房屋墙上的洪痕仍然明显(图 5.25),部分村民家中二楼仍有泥沙残留。国道 G318 竹巴龙段基本淹没[图 5.26(a)],路面淤积严重[图 5.26(b)、(c)],部分路面淤积厚度接近1m[图 5.26(d)]。国道 G318 部分护栏倒塌,陆基局部坍塌[图 5.26(e)],但是路面整体损坏并不严重。位于水磨沟村下游 8.9km 处的巴塘(四)水文站在洪水过境时被冲毁,新的巴塘(五)水文站已迁移至水磨沟村。询问当地水文站人员得知,当地洪水过境时的洪峰流量为 20900m³/s,洪峰水位为 2494.91m,与水磨沟村实测洪痕高程 2494.0m 接近。

图 5.25 水磨沟村灾情

竹巴龙乡临江有大量房屋墙面被冲垮,洪水退去后,房屋内留有大量泥沙[图 5.27(a)、(b)];金沙江左岸滩地表面覆盖有一层厚厚的泥沙,树木和农作物根茎受水流作用均向下游侧倾倒[图 5.27(c)、(d)];对岸西藏朱巴龙乡部分房屋的基础淘蚀严重[图 5.28(a)],部分房屋损坏与堰塞湖区的特征一致[图 5.28(b)],由流水浸泡夯实土墙解体造成,与流水冲刷关系不大。

图 5.26 国道 G318 淹没与损毁情况(水电工程质量监督总站刘学鹏先生提供)

图 5.27 金沙江左岸竹巴龙乡灾情

图 5.28　金沙江右岸朱巴龙乡灾情
(a)房屋基础淘蚀；(b)墙体坍塌

　　金沙江巴楚河口至竹巴龙乡河段为巴塘断裂通过部位，河谷相对宽阔，上述沉积作用一方面说明洪水进入宽谷段后流速有所减缓，沉积作用加强；另一方面与河曲有关，满足"凸岸沉积，凹岸侵蚀"条件。

　　竹巴龙至奔子栏河段基本上为峡谷，侧蚀作用强烈，竹巴龙乡到下游得荣县茨巫镇的公路(竹茨公路)沿江段路基垮塌且路面冲毁严重，无法通行(图 5.29)。奔子栏库尾段一小水电站建筑物与沿江公路的损毁更为严重(图 5.30)。

图 5.29　竹茨公路灾情

图 5.30　奔子栏库尾灾情

5.6.2　奔子栏镇至石鼓镇

奔子栏镇分为老街和新街，常住居民有 1000 多户。白格"11·3"滑坡堰塞坝溃决洪水到达奔子栏镇时洪峰流量为 15700m³/s，洪峰水位为 2018.98m，总涨幅 20.07m。洪水过境期间，金沙江边上有房屋被直接冲走，还有部分房屋由于受洪水岸坡冲刷作用，房屋基础被淘刷，已成危房。奔子栏水文站在奔子栏镇金沙湾大桥下游约 100m 处，其地理位置为东经 99°18'16.397"，北纬 28°14'15.542"。溃决洪水过境时淹没了奔子栏水文站二楼，水文观测设施受损严重(图 5.31)。

图 5.31　损毁的奔子栏水文站
(a)洪水过境；(b)灾后形貌；(c)损毁的外部水文设备；(d)内部泥沙淤积

奔子栏至石鼓段，金沙江由 V 形河谷逐步过渡到 U 形河谷，洪水漫过河滩，淹没田地，坦化明显，石鼓断面流量大幅下降。11 月 15 日 8:40，石鼓水文站洪峰水位为 1826.47m，超警戒水位为 3.97m，洪峰流量为 7170m³/s。洪水灾害形式逐渐由冲蚀转变为淹没。

五境乡一条商业(商铺)街大部分商铺一楼还是被洪水淹没[图 5.32(a)、(b)]；巨甸镇街道、农田淹没，农作物受损严重[图 5.32(c)、(d)]，房屋和道路结构受灾程度较轻；石鼓镇是长江第一湾所在地，洪水过境时长江第一湾一片汪洋，洪水淹没大量农田，但灾后生产恢复较快，考察时(2018 年 12 月)石鼓镇当地已看不出明显的洪灾迹象[图 5.32(e)、(f)]；石鼓水文站位于长江第一湾上游约 2km处，其地理位置为东经 99°57'46.881"，北纬 26°52'09.046"[图 5.32(g)、(h)]。据当地村民叙述，当时洪水过境时，石鼓镇大量农田被淹没，但房屋并未受损。

图 5.32　奔子栏至石鼓段淹没灾情

(a)五境乡被淹街道；(b)五境乡被淹商铺；(c)洪水过境巨甸镇；(d)巨甸镇洪水过后的农田；(e)洪水过境石鼓
长江第一湾(图片来源于中新网)；(f)灾后的长江第一湾；(g)和(h)洪水后的石鼓水文站

5.6.3　梨园水库

梨园水电站是目前堰塞湖下游距离最近的已建成水电站，坝址距白格堰塞湖

671km。梨园水电站枢纽主要由混凝土面板堆石坝、右岸溢洪道、左岸泄洪冲沙洞、左岸引水系统、地面发电厂房等建筑物组成。最大坝高 155m，总库容 $7.27×10^8 m^3$，正常蓄水位（设计洪水位）为 1618m，死水位（防洪限制水位）为 1605m，装机容量为 2400MW。与洪水相关的水文数据如下：大坝校核可能最大洪水 PMF（17400m³/s），大坝设计 500 年一遇洪水（12200m³/s），厂房校核 1000 年一遇（13000m³/s），厂房设计 200 年一遇（11200m³/s），消能防冲建筑物设计 100 年一遇（10400m³/s）。

在白格"11·3"滑坡堰塞湖溃坝前，预测的梨园洪峰流量为 12000～20000m³/s。鉴于溃坝模式及洪水演进的不确定性，为保障在运电站工程安全，险情应对过程中按最不利影响考虑。即以溃坝后梨园洪峰流量 20000m³/s 进行评估，对应的工况是堰塞湖未采取人工干预措施，堰塞湖蓄满后溃决，堰塞湖蓄水叠加区间流量对应洪量约为 $8.5×10^8 m^3$。

11 月 5 日 12:00，梨园、阿海水电站开始逐步消落水位运行；8 日 8:00 后梨园水电站消落至死水位附近运行；9 日 1:00 左右，梨园水电站全厂机组停机，并继续消落水库水位；12 日 8:00 梨园库区水位消落至 1592m 以下，至洪水到达前，库区水位保持在 1590～1592m 运行，腾出库容 $3.3×10^8 m^3$ 以接纳堰塞湖溃决洪水。15 日 3:30，受溃决洪水影响，梨园库区水位开始起涨，15 日 12:30 梨园库区达到洪峰流量 7200m³/s，15 日 14:00 库区水位上涨至死水位以上，15 日 15:00 左右梨园水电站机组恢复发电。

梨园水电站成功化解了这场由于滑坡堰塞湖溃决形成的洪水危机，整个灾情期间除了发电损失外，电站未发生其他与溃坝洪水直接相关的损毁（图 5.33）。

图 5.33 洪水过境后的梨园库区

5.7 本 章 小 结

本章总结了金沙江白格"10·10"滑坡堰塞坝和白格"11·3"滑坡堰塞坝溃决洪水演变过程，以及白格"11·3"滑坡堰塞坝溃决洪水诱发的灾害。

（1）白格"10·10"滑坡堰塞坝和白格"11·3"滑坡堰塞坝的细颗粒含量均较高，堰塞坝堆积密实，级配较为均匀，上下游坝坡坡比均小于安全坡比。这些特点决定了堰塞坝的漫坝溃决方式。

（2）白格"10·10"滑坡堰塞坝较低，溃决洪峰流量约10000m³/s，未超过可能最大洪水流量。因此，溃决洪水未诱发较大灾害。白格"11·3"滑坡堰塞坝较高，虽经人工干预，溃决洪峰流量仍然达31000m³/s，远超可能最大洪水流量。因此，自堰塞坝至梨园水电站671km河段水毁严重。

（3）金沙江上游在建水电站的水毁损失较为严重，直接经济损失约11.88亿元。但是金沙江中游正在运行的水电站为减轻灾害链损失做出了重大贡献，两次溃决洪水事件均在金沙江中游梨园水电站得到化解。

（4）桥梁在溃决洪水演进过程中损失最为严重，特别是堰塞坝至奔子栏镇河段，除定曲河口大桥桥面较高保留完整外，其他20多座大小桥梁均损毁殆尽。奔子栏以下损毁的桥梁均为较老旧的简易桥梁。

（5）溃决洪水冲刷、淹没和淤积是导致经济损失严重的主要原因。峡谷河段，岸坡以冲刷和局部塌岸为主，沿岸公路损失严重；宽谷河段冲刷与淹没并存，满足"凸岸沉积、凹岸冲刷"的规律。

（6）冲刷或局部塌岸是671km岸坡的主要破坏形式，未见严重的由于坡脚冲刷而引起的滑坡或滑坡复活现象。这可能与峡谷河段以基岩岸坡为主，溃决洪水演进过程持续时间短，以及河谷为干热河谷等因素有关。

白格"11·3"滑坡溃决洪水超万年一遇，超出常见工程(公路、桥梁等)的水文设计标准，梯级水库的调蓄作用可在对这类灾害链的减灾工作中发挥了重要作用。

参 考 文 献

[1] 余志球, 邓建辉, 高云建, 等. 金沙江白格滑坡及堰塞湖洪水灾害分析[J]. 防灾减灾工程学报, 2020, 40(2): 286-292.

[2] 张新华, 薛睿瑛, 王明, 等. 金沙江白格滑坡堰塞坝溃决洪水灾害调查与致灾浅析[J]. 工程科学与技术, 2020, 52(5): 89-100.

[3] 申宏波, 李进, 赵阳. 金沙江上游水电站应对白格堰塞湖灾害的措施及经验[J]. 水电与抽

水蓄能, 2020, 6(2): 26-29, 41.

[4] 王剑涛, 薛宝臣, 赵万青, 等. 苏洼龙水电站遭遇白格堰塞湖灾害应对措施[J]. 水电与抽水蓄能, 2020, 6(2): 20-25.

[5] 蒋建军, 江大兴, 唐国汉, 等. 国道 318 线竹巴龙金沙江大桥灾损调查与分析[J]. 西南公路, 2018, (4): 17-21, 31.

第 6 章

裂缝区监测与危险性评估

白格"10·10"滑坡发生后，受滑坡扰动影响，在其源区边界外侧形成了一定范围的裂缝区，白格"11·3"滑坡即为裂缝区部分失稳的结果[1]。白格"11·3"滑坡发生后，裂缝区范围进一步向外扩展。裂缝区的未来发展趋势如何，是否会再次发生类似的堵江事件，这是防灾减灾必须面对的难题[2,3]。

本章首先介绍裂缝区的演变过程，其次分析裂缝区 2019 年的 InSAR 和内观监测成果，最后讨论裂缝区的潜在失稳风险。

6.1　裂缝区演变过程

白格"10·10"滑坡在其源区边界外形成了范围较大的裂缝区，白格"11·3"滑坡使裂缝区得到进一步发展。为陈述方便，裂缝区按方位划分为 CZ1、CZ2 和 CZ3 三个区（图 6.1）。实际上 CZ1 区与 CZ2 区之间并未形成真正的边界，其边界线是虚拟的。但是，CZ2 区与 CZ3 区边界真实存在，为一厚层花岗斑岩侵入体构成的小山脊（图 3.21）。裂缝区演变过程包括两个方面。

一是裂缝区范围向外围扩展。该过程于 2019 年 6 月基本结束。CZ1 区扩展的直线距离超过 130m，裂缝范围已经越过滑坡区背后的山脊（图 6.2）；CZ2 区扩展最远，直线距离超过 500m，其边界向南扩展至白格村，将五栋住宅纳入裂缝区范围（图 6.3）；CZ3 区的范围变化不大。

二是裂缝本身变形加剧。对白格"10·10"滑坡产生的裂缝而言，白格"11·3"滑坡导致裂缝变形快速发展，此后裂缝的宏观变形速度趋缓。典型部位裂缝发展过程参看图 6.4 和图 6.5。

2019 年 6 月后裂缝区的宏观变形速度趋于平稳，但是如何评判裂缝区未来的变形趋势仍然是一个十分棘手的问题。白格"11·3"滑坡就是一个教训。白格"10·10"滑坡后，3 个裂缝区均未见明显的块体崩落现象，白格"11·3"滑坡却发生了。相反，白格"11·3"滑坡后，滑坡边界附近的块体崩落却十分显著。裂缝区是否会再次发生类似白格"11·3"滑坡的事件？若发生，会在哪里，何

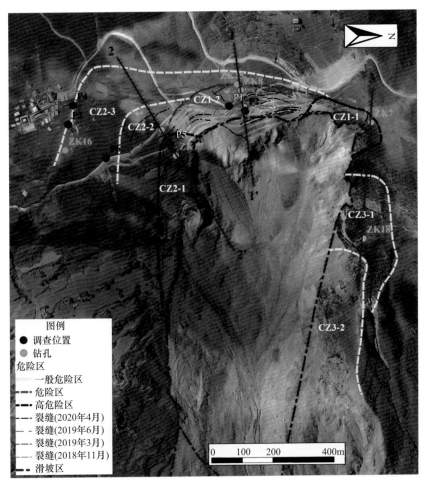

图 6.1　白格滑坡裂缝区发展过程(底图为 2019 年 10 月 3 日 UAV 影像)

图 6.2　滑坡后缘裂缝区 CZ1 发展过程
照片 P1 和 P2 位置参看图 6.1,镜向北

图 6.3　CZ2 区白格村裂缝

(a)耕地裂缝；(b)房屋裂缝。照片 P3 和 P4 位置参看图 6.1

图 6.4　CZ1 区公路裂缝发展过程

位置参看图 6.1 和图 6.2 的照片 P2。除 2018-11-08 镜向北之外，其他照片镜向南

图 6.5　CZ2-1 区后缘公路裂缝发展过程

位置参看图 6.1 的照片 P5，镜向北

时发生？方量会是多少？会堆积多高的堰塞坝？这些问题需要结合地质与监测资料的综合分析才能做出合理的解答。

6.2　InSAR 监测与成果分析

6.2.1　监测原理

InSAR 是合成孔径雷达干涉测量(interferometric synthetic aperture radar)的简称，是利用同一地区获取的多次 SAR 数据中的雷达相位信息反演地形及地表变形信息的技术。InSAR 的工作程序如下：根据工作区地质条件及 SAR 数据源，明确地质灾害 InSAR 监测拟获取的变形信息及需要达到的精度、成果的表达形式、最终要解决的问题等，使其与工作目标、数据条件和成果匹配；综合运用 Offset-SAR、D-InSAR、SBAS-InSAR、PS-InSAR 等方法进行识别监测，确保米级、分米级、厘米级、毫米级等各尺度变形的获取。

6.2.1.1　D-InSAR

D-InSAR 是差分合成孔径雷达干涉测量(differential interferometric synthetic aperture radar)的简称，其原理如图 6.6 所示，雷达传感器的回波信号挟带了地物后向散射体的相位和强度信息，计算同一区域不同时间获取的两景(或两景以上)单视复数雷达影像(φ_m，φ_s)的相位差生成干涉图 φ_{int}，该干涉图中既包含了两次成像期间地形变干涉相位信息(φ_{def})，也含有成像区域的地形相位(φ_{topo})、观测向斜距(φ_{flat})，以及地形误差($\Delta\varphi_{dem}$)、传感器轨道误差($\Delta\varphi_{orbit}$)、大气延迟相位误差($\Delta\varphi_{atmos}$)和其他噪声相位误差($\Delta\varphi_{noise}$)值，公式表示为

$$\varphi_{int} = \varphi_m - \varphi_s = \varphi_{def} + \varphi_{topo} + \varphi_{flat} + \Delta\varphi_{dem} + \Delta\varphi_{orbit} + \Delta\varphi_{atmos} + \Delta\varphi_{noise} \tag{6.1}$$

差分干涉的基本任务就是从干涉图中提取有用的 φ_{def} 信息。式(6.1)中的地形

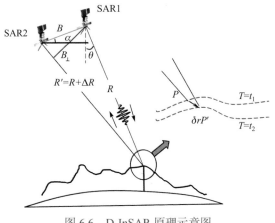

图 6.6　D-InSAR 原理示意图

相位 φ_{topo} 可以采用数字高程模型或多轨观测方法去除，观测向斜距 φ_{flat} 属于系统观测常量，通过卫星姿态参数校正去除，其他相位误差信息是影响 D-InSAR 测量精度的重要原因，需要采用一定的方法去除。处理后的地形变干涉相位信息（φ_{def}）与雷达视线（line of sight，LOS）向地表变形量 Δd 的关系为

$$\varphi_{def} = \frac{4\pi}{\lambda}\Delta d \tag{6.2}$$

式中，λ 为雷达波波长。

D-InSAR 方法数据处理的基本流程见图 6.7。

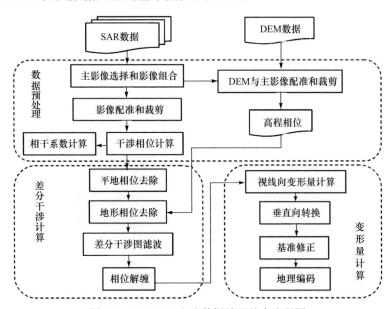

图 6.7　D-InSAR 方法数据处理基本流程图

6.2.1.2　SBAS-InSAR

小基线集干涉测量(small baseline subsets InSAR，SBAS-InSAR)技术利用时间和空间基线均小于给定阈值的干涉像对构成多个像分干涉图集，对多空间上邻近的多个像元取平均值，加强干涉稳定性，从而实现对相干像元的差分相位序列进行时序分析，获取变形量序列。算法的相位定义为

$$\varphi(x,r) \approx \frac{4\pi}{\lambda} \times \Delta d(x,r) + \frac{4\pi}{\lambda} \times \frac{B_\perp}{r\sin\theta} \Delta z(x,r) + \Delta\varphi_{\text{atmos}}(x,r) + \Delta\varphi_{\text{noise}}(x,r) \quad (6.3)$$

式中，x 和 r 为像元坐标；λ 为雷达波长；Δd 为雷达视线向地表变形量；$B_\perp$ 为垂直基线；θ 为 SAR 视角；Δz 为地形残差相位；$\Delta\varphi_{\text{atmos}}$ 为大气延迟相位误差；$\Delta\varphi_{\text{noise}}$ 为其他噪声相位误差。显然，SBAS 算法将差分干涉相位分为地表变形相位、地形残差相位、大气延迟相位以及其他噪声相位 4 部分。

SBAS 算法由于在 SAR 数据自由组合干涉时限制了时间基线和空间基线，保证了每幅干涉图的高相干性，又利用奇异值分解(SVD)的方法将多个干涉图子集联合进行最小二乘求解，增加了时间采样；SBAS 算法将外部 DEM 误差产生的相位分离出来，降低了使用外部 DEM 所引入的误差；SBAS 算法充分考虑到大气延迟相位对变形结果的影响，通过时空域滤波的方法削弱了大气延迟相位。相对于永久散射体技术，SBAS-InSAR 更充分地利用了数据源，获取到的变形序列在空间上更为连续，是本书采用的主要 InSAR 处理方法。

SBAS-InSAR 方法数据处理的基本流程见图 6.8。

6.2.1.3　PS-InSAR

永久散射体干涉测量(permanent scatter InSAR，PS-InSAR)，指在一定时间间隔内保持稳定反向散射特性的雷达目标(在干涉图上表现为相干性良好的像元，即 PS 点)，利用长时间序列 SAR 影像集进行时序变形量分析，以提取永久散射体(PS 点)变形信息的 InSAR 分析技术。

PS-InSAR 技术不追求整幅影像的干涉质量，而是通过 SAR 图像中反向散射特性稳定的高相干 PS 点来计算变形量。该算法在处理时首先从 $N+1$ 幅 SAR 时间序列图像中选取一幅作为公共主图像，其余的作为副图像；将副图像分别和主图像配准、重采样、干涉形成 N 幅干涉图，并利用已知的 DEM 和 N 幅干涉图进行差分处理；然后同时结合幅度和相位信息设定阈值选择 PS 点，并将这些点单独提取出来进行相位分析。PS-InSAR 处理方法采用多种技术消除误差影响：①利用多组干涉像对基线长度与 DEM 高程间的关系去除 DEM 误差；②根据干涉相位分量在空域和时域的频谱特性(表 6.1)，通过方向性滤波、高低通滤波及其组合滤波去除传感器轨道误差、大气延迟相位误差和其他噪声相位误差。

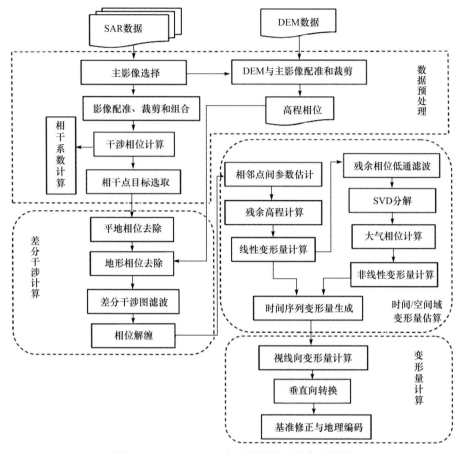

图 6.8　SBAS-InSAR 方法数据处理基本流程图

表 6.1　PS 点相位特征

符号	相位含义	空域特征	时域特征
φ_{def}	地形变干涉相位	低频	低频
$\Delta\varphi_{dem}$	地形误差	高频	与基线相关
$\Delta\varphi_{atmos}$	大气延迟相位误差	低频	高频
$\Delta\varphi_{orbit}$	传感器轨道误差	低频	高频
$\Delta\varphi_{noise}$	其他噪声相位误差	高频	高频

PS-InSAR 方法数据处理的基本流程见图 6.9。

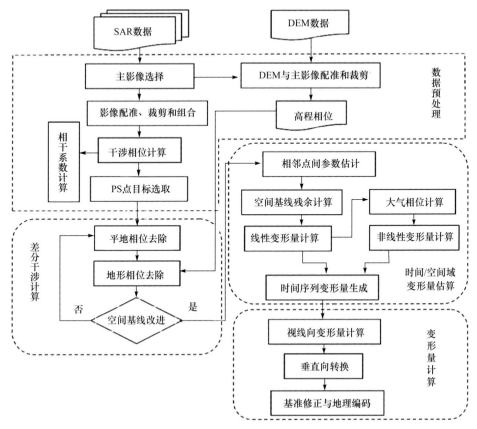

图 6.9　PS-InSAR 方法数据处理基本流程图

6.2.1.4　Offset-SAR

Offset-SAR 技术可以同时获取距离向(等同于卫星视线向)和方位向(卫星轨道飞行方向)的二维变形量。它不仅不需要进行相位解缠,而且对 SAR 图像的相干性不敏感。其算法的基本思路是利用 SAR 图像对,以一定长和宽的范围为滑动窗口模板,对图像进行互相关计算,找到地表变形导致的偏移量和卫星顺轨上的距离导致的偏移量之和。该方法有两种实现方法:强度追踪法和相干性追踪法,需要根据 SAR 图像对相干性和强度对比度的大小来选择不同的实现方法。

强度追踪法利用的是 SAR 图像的幅度信息,需要图像对有一定的对比度,对相干性没什么要求,抗相关性强。算法的核心是寻找强度互相关系数峰值的过程。它借鉴了传统的光学影像匹配方法,利用了 SAR 图像的斑点噪声。如果图像对的斑点噪声类型相似,那么配准的两图像就强度高度相关,尤其是小基线的图像对斑点噪声的空间几何相干性更好。

相干性追踪法利用的是 SAR 图像的干涉相位信息,需要图像对保持一定的相干性。算法的核心是寻找干涉相位相干峰值的过程。先对单视复数据进行滑动窗口运算，把两幅图像在窗口内的数据块进行共轭相乘生成干涉条纹图，再搜索相干峰值的位置。

Offset-SAR 技术数据处理的基本流程见图 6.10。

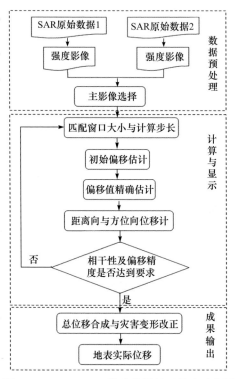

图 6.10　Offset-SAR 技术数据处理基本流程图

6.2.2　监测结果与分析

6.2.2.1　白格滑坡孕育过程的 D-InSAR 定性识别

采用简单的定性两景 SAR 数据差分（D-InSAR、Offset-SAR 等方法）可以便捷、直观地发现滑坡的发展变化。

（1）滑前 2017 年 7 月 5 日至 8 月 20 日的 D-InSAR 观测表明，白格滑坡变形的整体轮廓已经比较清晰，但内部变形存在差异，尚未出现整体运动［图 6.11（a）］。

（2）2017 年 7 月 24 日至 11 月 27 日 Offset-SAR 测量的滑体变形已经呈现整体运动特征，边界清晰明确，表明整个滑坡剪切带和后缘的拉裂带已经完全贯通［图 6.11（b）］。

（3）2018 年 5 月 28 日至 7 月 23 日 Offset-SAR 测量的滑体变形已经呈现出范

围向低高程扩展,变形加速的态势,前缘变形速率快,剪出趋势明显[图6.11(c)]。

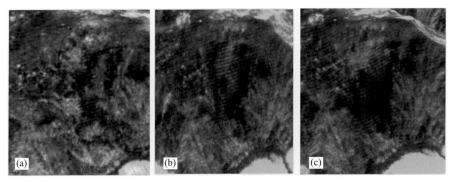

图6.11 滑前两景SAR数据差分法动态观测的滑前变形

(a)2017年7月5日至8月20日D-InSAR测量的变形;(b)2017年7月24日至11月27日Offset-SAR测量的变形;(c)2018年5月28日至7月23日Offset-SAR测量的变形

综合三期的观测,滑坡孕育过程与第3章的分析结论一致,即滑带的形成是由后缘向前缘逐步扩展贯通的。

2018年11月3日白格"11·3"滑坡发生后,其边界外侧的扰动区或裂缝区继续扩展。对变形敏感的多期D-InSAR观测(2019年12月8日至2020年1月19)(图6.12)结果表明,在滑坡边界的两侧,变形特征明显,变形范围已经大致扩展至已溃滑面积的1.5倍。

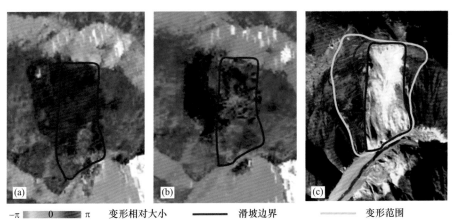

−π ▬▬ 0 ▬▬ π　变形相对大小　━━━　滑坡边界　━━━　变形范围

图6.12 滑后两景SAR数据差分法动态观测的变形

(a)2019年12月8日至2020年1月19日D-InSAR测量的变形;(b)2019年1月7日至1月19日D-InSAR测量的变形;(c)2019年1月21日光学影像

6.2.2.2 裂缝区变形破坏过程的时序InSAR定量监测

白格滑坡二次滑动后周缘仍然持续变形,是否会再次溃滑,溃滑的位置、范围、方量，甚至时间等问题都值得关注，这需要连续精确的时序 InSAR 定量监测其发展变化过程。

采用间隔 12 天的 2018 年 11 月 18 日至 2020 年 7 月 24 日的升轨 Sentinel-1 SAR 数据 46 景，应用 PS-InSAR 技术可以定量地回溯其时空变形（图 6.13，图 6.14）。

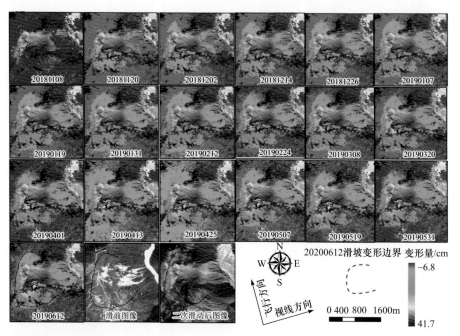

图 6.13　InSAR 观测的 2018 年 11 月 8 日至 2019 年 6 月 12 日白格滑坡周缘变形区扩展和变形量增长情况

从变形区的扩展而言，白格"11·3"滑坡后，滑坡源区中下部呈现微弱变形，后缘发育了有限的变形区（CZ1），约 200m 纵深扩展，但 2018 年 12 月以后基本稳定没有扩展。

南北两侧是其主要扩展区域，但有所区别：

（1）北区（CZ3）2019 年 4 月达到最大扩展范围后（约 500m 纵深扩展），不再扩展，累计变形量为 6～10cm，面积约 $22×10^4 m^2$。

（2）南西侧（CZ2）持续加强，变形体沿顺坡向呈整体变形，长约 1200m，宽约 100m，面积 $75×10^4 m^2$，范围已扩展至滑坡源区 810m 以远的白格村和贡则寺。根据不同部位变形的时序过程和速率，可以反映 CZ2 的活动特性，即位于变形范围边缘的点（图 6.14 中的 A 点）速率 2019 年 6 月突然增长，随后保持稳定；靠近滑坡槽的点（图 6.14 中的 B 点），累计最大 SAR 视线向变形量在 30cm 以上，单变形速率整体保持稳定。这表明 CZ2 区的变形以范围扩大为主，速率稳定。

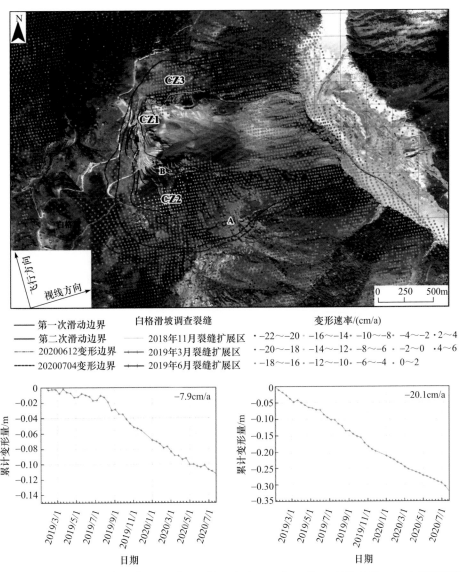

图 6.14　白格滑坡裂缝扩展与 2018 年 11 月 7 日至 2020 年 7 月 24 日的时序 InSAR 监测结果的叠加对比

　　InSAR 定量监测的扩展方向和范围与 2018 年 11 月、2019 年 1 月和 2019 年 6 月现场调查的地裂缝发育扩展情况整体一致(图 6.15)，但是 InSAR 解译的变形范围更广，时间也早于现场观察到的地表破裂现象。这可以解释为变形达到一定大小后才可能产生宏观裂缝。

　　综上，InSAR 识别表明，白格滑坡发生前后均存在明显的变形过程，为滑坡的监测与预警奠定了基础；定量时序 InSAR 监测表明，周缘坡体受到扰动而产生了持续增长的变形体，CZ1、CZ2 和 CZ3 区现今累计变形范围约 94×10⁴m²，其中 CZ2 区范围 75×10⁴m²，方量达 1000×10⁴m³ 级别，变形以范围扩展为主，但整体变形速率较平稳，尚未出现加速变形现象。短期内是否会发生第三次大规模滑动，还需要滑坡地质条件研判确定。

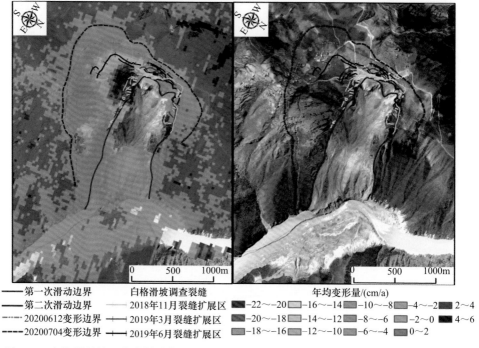

	白格滑坡调查裂缝	年均变形量/(cm/a)	
—— 第一次滑动边界		■ -22~-20 ■ -16~-14 ■ -10~-8 ■ -4~-2 ■ 2~4	
—— 第二次滑动边界	~~~ 2018年11月裂缝扩展区	■ -20~-18 ■ -14~-12 ■ -8~-6 ■ -2~0 ■ 4~6	
----- 20200612变形边界	+++ 2019年3月裂缝扩展区	■ -18~-16 ■ -12~-10 ■ -6~-4 ■ 0~2	
---- 20200704变形边界	+++ 2019年6月裂缝扩展区		

图 6.15　白格滑坡第二次溃滑后截至 2020 年 7 月 24 日的 InSAR 观测结果和航飞影像对比图

6.3　内观监测与成果分析

6.3.1　监测仪器与布置

内观监测主要为测斜、渗压监测和微震监测，为了对比分析补充了环境量，即降水量监测。测斜和渗压监测仪器分别为美国 SINCO 公司生产的测斜仪和振弦式渗压计(量程 70kPa，约 7m 水头)，微震监测采用澳大利亚 IMS 的微震监测系统(包括仪器和软件)，降水量监测采用深圳北斗云雨量计(精度 0.2mm)。

CZ1、CZ2 和 CZ3 区各布置一个监测断面，监测布置与实施情况参看表 6.2 和图 6.1。

表 6.2　监测实施情况一览表

序号	钻孔编号	孔深/m	用途	初始读数时间	观测次数	剖面
1	ZK1	95.5	测斜、渗压	2019/8/6	17	1-1'
2	ZK8	79.5	测斜、渗压、微震	2019/7/31	17	1-1'
3	ZK15	48.5	测斜	2019/8/11	15	1-1'
4	ZK10	90.5	测斜、渗压、微震	2019/7/21	19	2-2'
5	ZK17	76	测斜	2019/10/4	1	2-2'
6	ZK7	44.5	测斜、渗压	2019/6/28	21	3-3'
7	ZK18	40	测斜	2019/10/11	7	3-3'
8	ZK9	55	微震	2020/7/26	—	1-1'
9	ZK6	表面	微震	2020/7/26	—	3-3'

　　在滑坡后缘建立 1 个微震监测台站，现场布设检波器、数据采集仪、信号处理器、授时器等设备。室内控制服务器通过 4G 无线路由器对微震信号数据传输和存储，并对微震监测系统进行远程控制。微震监测系统采用全自动数据采集和无线传输的方式进行。监测系统布置见图 6.16。

图 6.16　白格滑坡微震监测设计示意图

6.3.2 降雨与渗压监测

2019 年雨季白格的月降雨量统计于表 6.3。4 支渗压计的监测成果与降雨量对比于图 6.17。2019 年雨季白格滑坡的降雨量不大，最大降雨量 36.6mm/d。从图 6.17 来看，渗压计所测渗压或换算水头与降雨过程无关。由于钻孔过程使用植物胶护壁，渗压计刚埋设时普遍渗压较高，但是随着时间的推移，孔隙水压力消散很快。ZK8 和 ZK10 的渗压为负值，处于完全无水状态；ZK1 的渗压为5.5kPa（0.56m 水头）；只有位于裂缝区之外的 ZK7 渗压略高，为 28.1kPa（2.8m 水头），即对白格滑坡而言，基本上不存在固定的地下水位。

表 6.3 2019 年雨季白格滑坡月降雨量

参数	月份				
	6	7	8	9	10
降雨量/mm	50.2	106.7	113.2	141.8	63.8

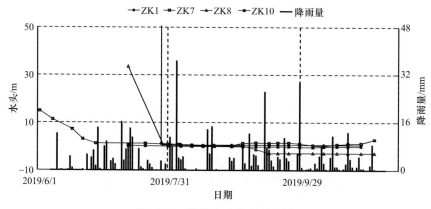

图 6.17 降雨量-水头关系曲线

6.3.3 深部变形分析

按 3 个剖面，结合钻孔柱状图分别进行分析。

6.3.3.1 1-1′剖面

1-1′剖面布置了 ZK1、ZK8 和 ZK15 三个监测孔，相应的累计位移-孔深曲线见图 6.18～图 6.20。ZK1 和 ZK8 监测到深部剪切变形，其中 ZK1 的剪切带深度为 49.0～67.0m；ZK8 分别在深度 5.5～7.5m 和 61～62m 存在两个剪切带，第一个剪切带基本对应表层强风化层，第二个为元古宇雄松群片麻岩的岩性分异界面。ZK15 未呈现出剪切变形特征，但是 20m 以浅有倾倒变形现象。

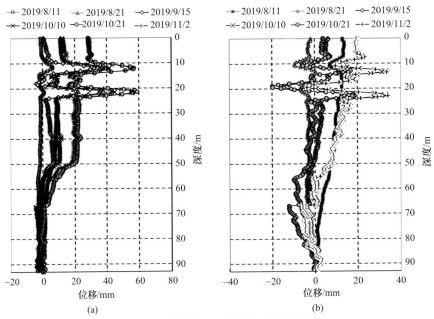

图 6.18　测斜孔 ZK1 累计位移-孔深曲线

(a) A0 向；(b) B0 向

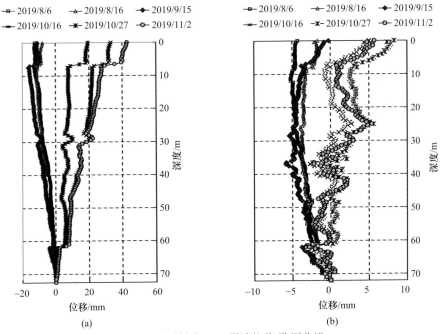

图 6.19　测斜孔 ZK8 累计位移-孔深曲线

(a) A0 向；(b) B0 向

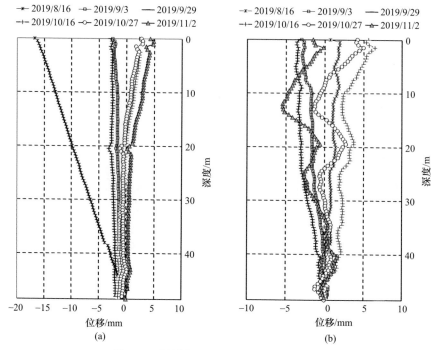

图 6.20 测斜孔 ZK15 累计位移-孔深曲线

(a) A0 向；(b) B0 向

结合地表宏观变形现象 (图 6.2，图 6.4)，以及 ZK1 和 ZK8 的监测成果，CZ1 区的潜在失稳范围见图 6.21。

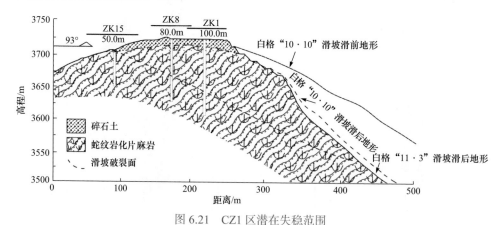

图 6.21 CZ1 区潜在失稳范围

6.3.3.2 2-2′剖面

该剖面包括两个监测孔，即 ZK10 和 ZK17。ZK10 的累计位移-孔深曲线见

图 6.22，没有出现明显的滑带剪切变形特征，但是 60m 以浅变形迹象仍然较显著。ZK17 只完成初值测量，两天后再次测量时探头只能下放至孔深 15.5m 处，即 ZK17 的滑带深度在 15.5m 以下。参考钻孔柱状图，ZK17 的岩性分异界面深度为 18.0m，类比 ZK1 与 ZK17 监测资料，可以推测其剪切带深度为 15.5~18.0m。这类分异界面既体现了岩性差异，又体现了在构造作用下岩体相对破碎，风化相对强烈。

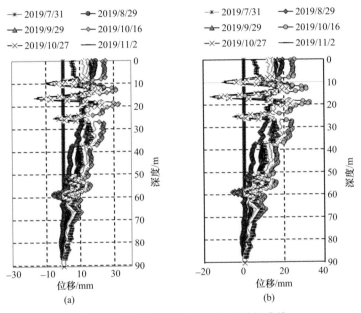

图 6.22　监测孔 ZK10 累计位移-孔深曲线

(a) A0 向；(b) B0 向

ZK10 与 ZK17 呈现出完全不同的变形特征，参照其间的省道 S201 变形特征（图 6.5），CZ2 区以省道 S201 为界划分为 CZ2-1 和 CZ2-2 子区，ZK10 的监测成果反映了 CZ2-2 子区的倾倒变形特征，而 ZK17 则反映了 CZ2-1 子区的剪切变形特征。基于地表调查和 ZK17 的监测成果，CZ2-1 子区的失稳范围见图 6.23。

6.3.3.3　3-3′剖面

该剖面包括 ZK7 和 ZK18 两个测斜孔，累计位移-孔深曲线见图 6.24 和图 6.25。

两个测斜孔均存在剪切带，其中 ZK7 的剪切带深度为 13.5~16.0m，ZK18 的剪切带深度为 21.5~22.5m。但是，两个测斜孔的剪切带没有任何联系。ZK7 属于 CZ1 区，主要变形方向为 B0 向，即滑坡槽方向。而 ZK18 位于 CZ3-1 子区，主要变形方向为 A0 向，即顺坡向。前已述及两区之间为厚层花岗斑岩侵入体，因此基于宏观变形特征和 ZK18 监测成果，CZ3-1 子区变形范围示于图 6.26。

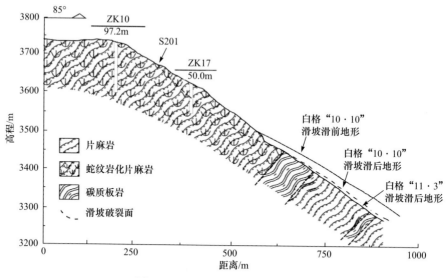

图 6.23　CZ2-1 子区潜在失稳范围

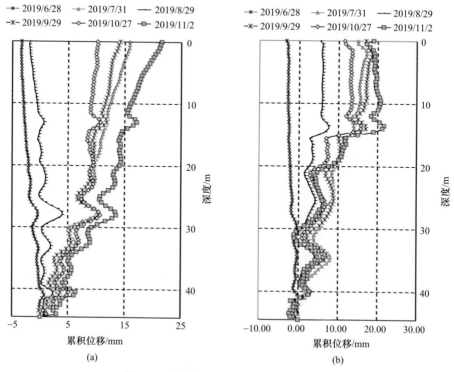

图 6.24　测斜孔 ZK7 累计位移-孔深曲线

(a) A0 向；(b) B0 向

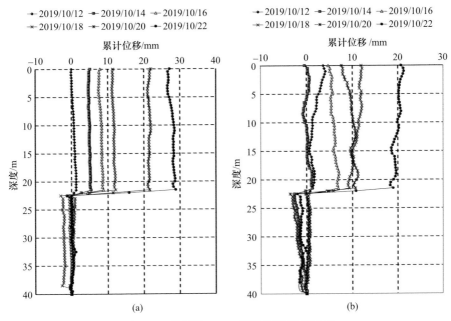

图 6.25 测斜孔 ZK18 累计位移-孔深曲线

(a) A0 向; (b) B0 向

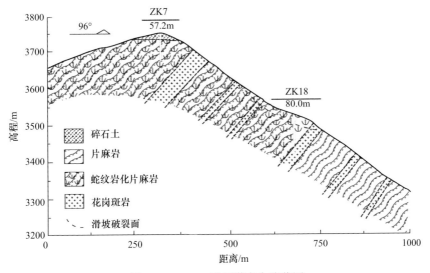

图 6.26 CZ3-1 子区潜在失稳范围

6.3.4 剪切带位移趋势分析

测斜孔的累计位移误差比较大,以剪切带位移为基础进行分析。统计的剪切带位移见表 6.4,制作的位移-时间曲线见图 6.27~图 6.31,图中方位角为剪切带变形方向的方位角。

表 6.4 剪切带位移观测成果一览表

分区	钻孔编号	观测次数	观测日期	A0向位移/mm	B0向位移/mm	合位移/mm	方位角/(°)	平均速率/(mm/d)	深度/m	备注
CZ1	ZK1	15	2019/11/2	20.82	14.47	25.35	115	0.31	49.0~67.0	
CZ1	ZK7	21	2019/11/2	2.53	9.95	10.26	149	0.08	13.5~16.0	
CZ1	ZK8	16	2019/11/2	12.86	2.25	13.05	97	0.14	5.5~7.5	
			2019/11/2	5.57	2.25	6.00	114	0.06	61.0~62.0	
CZ2	ZK17	1	—	—	—	—	—	约20.0	15.5~18.0	破坏
CZ3	ZK18	7	2019/10/22	30.04	20.95	36.62	129	3.33	21.5~22.5	破坏

从变形量级和变形速率来看，2-2′剖面无疑是最大的。ZK17 在两天之内即被剪断，参照 ZK18 剪断时的变形量，其变形速率应该在 20mm/d 左右。

1-1′剖面中 ZK1 和 ZK18 均存在剪切带，剪切带尚未发展到最后侧的 ZK15。靠近滑坡后壁的 ZK1 变形速率最快，平均速率达 0.31mm/d。中间测孔 ZK8 虽然有两个剪切带，但是深部剪切带变形已经稳定(图 6.30)，目前的变形主要为浅部变形。该剖面的变形量级与速率在三个剖面中最小。

3-3′剖面中的 ZK7 剪切带反映的是 CZ1 区北侧全风化蛇纹岩的变形，平均速率为 0.08mm/d。CZ3 区的 ZK18 的剪切带变形速率居中，为 3.33mm/d。

虽然 5 个测斜孔的剪切带变形均不大，但是整体变形仍然处于稳定发展之中。这一事实说明白格滑坡后缘拉裂区的变形尚未企稳，进一步滑坡失稳的风险仍然很大。

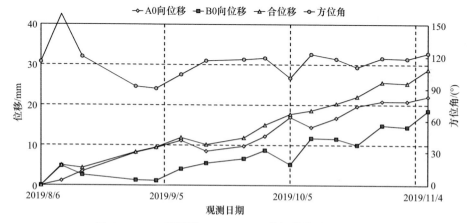

图 6.27 ZK1 侧斜孔 49.0~67.0m 剪切带位移-时间曲线

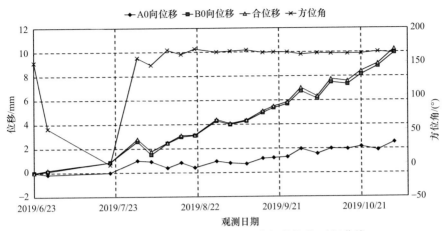

图 6.28　ZK7 侧斜孔 13.5～16.0m 剪切带位移-时间曲线

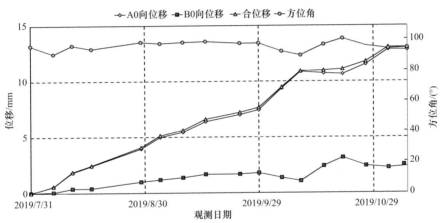

图 6.29　ZK8 侧斜孔 5.5～7.5m 剪切带位移-时间曲线

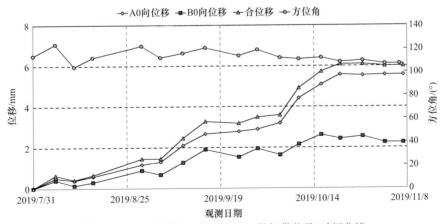

图 6.30　ZK8 侧斜孔 61.0～62.0m 剪切带位移-时间曲线

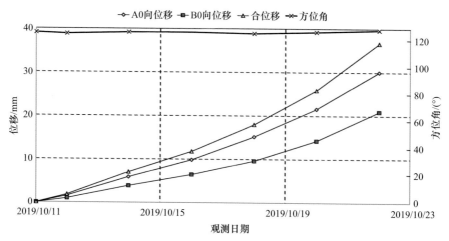

图 6.31　ZK18 侧斜孔 21.5~22.5m 剪切带位移-时间曲线

6.3.5　微震监测初步分析

对微震监测实时数据进行分析处理，可以获得深部变形释放能量，并通过分析微震事件的分布密度和震级大小分析深部岩土体变形机理，判断边坡变形规律、可能滑动面或剪切带部位，进而对潜在的滑坡进行预警。图 6.32 为 2020 年

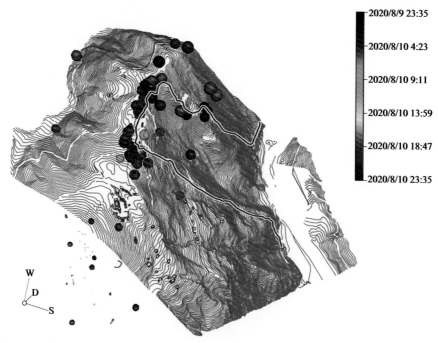

图 6.32　微震事件在边坡上的分布规律(震级≥−10.0，击发数≥3，2020 年 8 月 9~10 日)

8 月 9～10 日的微震事件在边坡上的分布规律。白格滑坡的微震监测系统 2020 年 7 月底才安装完毕，目前正处于调试运行阶段，随着监测资料的积累有望为裂缝区未来发展趋势预测提供资料。

6.4　裂缝区危险性分析

6.4.1　裂缝区的发展趋势

2019 年 6 月以后，白格滑坡裂缝区的范围不再向外扩展，宏观变形速率趋于稳定。2019 年的主要减灾措施包括滑坡源区后缘削坡减载 $56 \times 10^4 m^3$，堰塞坝清淤 $245 \times 10^4 m^3$ 等[2,3]。但是从 6.2.2 节的 InSAR 监测结果和 6.3.4 节的剪切带变形速率来看，裂缝区变形并没有趋稳迹象。因此，仍然存在再次滑坡风险。

从 6.3.4 节可以看出，按剖面讨论裂缝区的稳定并不合适，这与滑坡区为构造混杂岩区密切相关，即岩性和构造组合对局部稳定控制作用显著。为了与早期的论述一致，仍旧按 3 个方位讨论裂缝区稳定，但是分区做了适当调整（图 6.1）。

CZ1 区的北侧变形方向为 S31°E（ZK7），指向滑坡槽，反映的是全强风化蛇纹岩的变形。南侧的变形方向为 S65°E（ZK1）～S83°E（ZK8 浅部），与主滑方向 S75°E 接近。ZK1 的剪切带厚度较大；ZK8 存在 2 个剪切带，目前的变形以浅部为主，这是其前缘碎裂岩体控制的结果。CZ1 区目前的变形速率最小，但是基于白格 "11·3" 滑坡的教训，该区失稳的风险仍然存在，特别是 CZ1-1 子区。CZ1-1 子区的范围见图 6.1 和图 6.32，即位于白格 "11·3" 滑坡后壁的北侧。列为风险大的原因在于 2020 年 4 月初：①该子区圈椅状裂缝已经基本形成；②前缘陡峻（图 6.33）；③岩性为全、强风化蛇纹岩。

CZ1 区可能会出现类似白格 "11·3" 滑坡的失稳模式，变形不大，预报困难。

CZ2 区实际上可以进一步分解为 3 个子区（图 6.1），其最终破坏应该是渐进的，即 CZ2-1 子区滑动后，CZ2-2 子区将紧随，接着是 CZ2-3 子区。CZ2-1 子区剪切带接近贯通，CZ2-2 子区和 CZ2-3 子区尚处于倾倒变形阶段，但是由于倾倒变形历史差异，CZ2-2 子区的岩体风化程度明显要高（图 6.34）。目前的主要危险来源于 CZ2-1 子区。基于地表裂缝和 ZK17 的监测成果，CZ2-1 子区的潜在滑动区见图 6.35。CZ2-1 子区的方量约 $80 \times 10^4 m^3$，虽然变形速率最快，但是其前缘有一块相对完整的蚀变片麻岩岩体支撑，以致变形方向与局部塌滑均偏向滑槽一侧。2020 年 4 月初，CZ2-1 子区后缘位于原省道 S201 处（图 6.5），累计沉降超过 5m，且削方后变形速度未减（图 6.35 中的照片 P1），在所有裂缝区中变形速率是最大的。从现场调查情况来看，其前缘碎裂的蚀变片麻岩开始渗水，按该区域的变形机理推测，碎裂基岩已经趋于贯通，即该子区已经具备整体下滑的条件。

从地表裂缝来看，C3-1 子区的主要变形方向为顺坡向（方位角约 107°或 S73°E），但是从 ZK18 的剪切带变形方向 S51°E 来看，实际变形方向偏向滑槽一侧。CZ3 区虽然变形速率很快，但是属于覆盖层，变形深度相对较浅，且前缘有一块相对完整的花岗岩侵入体支撑。由于破坏一直呈现出渐进解体特征，一次性滑坡堵江的可能性较小。

图 6.33　CZ1-1 子区潜在失稳范围　　　图 6.34　CZ2-2 与 CZ2-3 子区分界面岩性差异

图 6.35　CZ2-1 子区潜在失稳范围

6.4.2　再次堵江危险性评估

以图 5.5（b）所示的滑坡堰塞坝形态和堆积区清方后的地形为基础，制作堆积体积与坝高关系曲线。

白格"11·3"滑坡堰塞坝的上游坝坡堆积坡度为 11°（坡比 1∶5.1），下游坝坡坡度为 5°（坡比 1∶11.4）。制作的模拟堰塞坝横剖面图见图 6.36，横剖面位置和大坝各纵向剖面图形态见图 6.37 和图 6.38。按图 6.35 和图 6.37 制作的堰塞坝方量与坝高曲线见图 6.39，据此可以评价裂缝区失稳后的潜在堰塞坝高度。

接 6.4.1 节的讨论，裂缝区目前危险性最大的是 CZ1-1 子区，其次为 CZ2-1 子区，再次为 CZ1-2 子区，估算方量分别为 $80×10^4m^3$、$80×10^4m^3$ 和 $330×10^4m^3$。

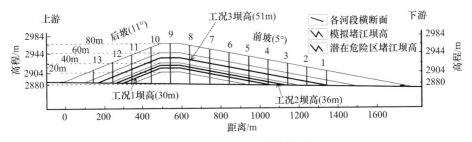

图 6.36 模拟堰塞坝横剖面图

图 6.37 模拟堰塞坝纵、横剖面图位置平面图

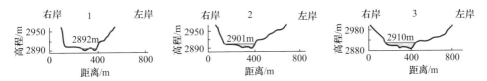

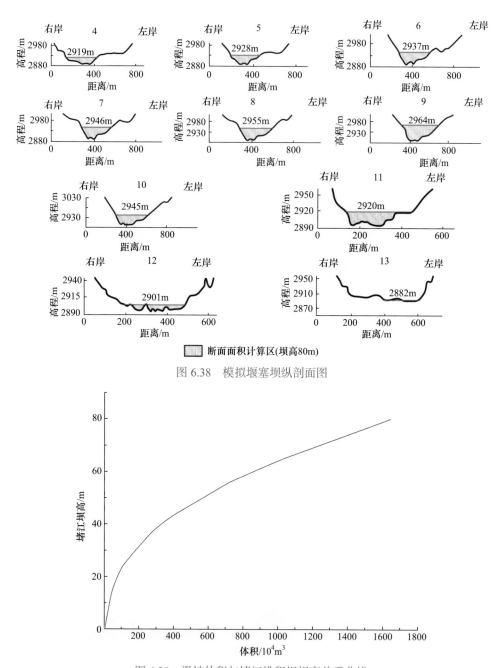

断面面积计算区(坝高80m)

图 6.38　模拟堰塞坝纵剖面图

图 6.39　滑坡体积与堵江堆积坝坝高关系曲线

CZ1-1 子区一旦失稳,其运动过程中的铲刮作用可能会导致 CZ2-1 子区接着下滑;而 CZ1-1 子区和 CZ2-1 子区一旦失稳,CZ1-2 子区就可能因失去了两侧的支撑作用而下滑。以下是对裂缝区失稳模式的三种最可能估计。

模式 1：只有 CZ1-1 子区失稳。

模式 2：CZ1-1 子区和 CZ2-1 子区相继失稳。

模式 3：CZ1-1 子区、CZ2-1 子区和 CZ1-2 子区相继失稳。

按这三种模式，失稳方量分别为 $180×10^4m^3$、$260×10^4m^3$ 和 $590×10^4m^3$。三种失稳模式的方量计算均累加了滑坡槽残留方量约 $100×10^4m^3$。参照图 6.39，三种失稳模式形成的堰塞坝高分别为 30m、36m 和 51m。

最大坝高与白格"10·10"滑坡堰塞坝高程相当。虽然上述方量估算会存在一定误差，但是即使按照白格"11·3"滑坡方量进行估计，堰塞坝高也不会超出白格"11·3"滑坡堰塞坝的高度。考虑滑坡区交通条件大为改善，人工干预简单易行等因素，裂缝区滑坡堵江及其灾害链风险仍然处于可控范围。

6.5　本 章 小 结

基于现场调查，本章回顾了白格滑坡后缘三个裂缝区的变形演变过程，综合分析了 InSAR 监测成果和内观监测资料，并结合地质与监测资料对裂缝区的危险性进行了评估。有关白格滑坡后缘裂缝区安全问题小结如下。

(1)白格"11·3"滑坡后，滑坡后缘裂缝区范围进一步扩展，至 2019 年 6 月才停止。CZ1 区向西扩展，越过山脊，直线距离约 130m；CZ2 区向南扩展到白格村，距滑坡边界直线距离约 500m；CZ3 区范围相对稳定。从宏观变形来看，白格"11·3"滑坡诱发的裂缝变形最大，此后发展趋缓。

(2)CZ1-1、CZ1-2、CZ2-1 子区和 CZ3 区均已形成剪切带，变形深度 CZ1-2 子区最大(67m)，其次为 CZ3-1 子区(22.5m)，CZ2-1 子区最小(18m)。变形速率 CZ2-1 子区最大，推测大于 20mm/d，其次为 CZ3-1 子区，达到 3.33mm/d，CZ1-2 子区最小，为 0.20mm/d。

(3)裂缝区变形速率与季节无关。裂缝区不存在稳定的地下水位，变形速率也未表现出与降雨的关联性。

(4)已形成剪切带的裂缝区中，CZ1-1 子区的失稳堵江风险最大，其次为 CZ2-1 子区，再次为 CZ1-2 子区。CZ3 区以逐步解体为主，一次性下滑堵江的风险不大。

(5)假定已经形成剪切带的 CZ1-1、CZ1-2 和 CZ2-1 子区同时失稳，所形成的堰塞坝坝高大致与白格"10·10"滑坡堰塞坝坝高相当。考虑目前人工干预条件良好，堰塞坝溃决及其灾害链风险仍然处于可控范围。

(6)除已经形成剪切带的裂缝区外，其他裂缝区目前均为倾倒变形，短期内不会存在失稳堵江风险。

参 考 文 献

[1] 邓建辉, 高云建, 余志球, 等. 堰塞金沙江上游的白格滑坡形成机制与过程分析[J]. 工程科学与技术, 2019, 51(1): 9-16.

[2] 邓建辉, 戴福初, 文宝萍, 等. 青藏高原重大滑坡动力灾变与风险防控关键技术研究[J]. 工程科学与技术, 2019, 51(5): 1-8.

[3] 陈菲, 王塞, 高云建, 等. 白格滑坡裂缝区演变过程及其发展趋势分析[J]. 工程科学与技术, 2020, 52(5): 71-78.

第7章

结论与展望

7.1 结　　论

基于 2018 年 10 月至 2020 年 4 月的现场地质与灾情调查，以及 InSAR 追踪解译和原型监测等工作成果，白格滑坡的孕育背景、形成机制、灾害链特征和演变趋势等总结如下。

(1)区域上滑坡位于金沙江上游的高山峡谷区，属于典型的构造侵蚀地貌；气象上属于高原寒温带半湿润气候区，多年平均降水量为 650mm，季节性降雨特征明显；区域构造活动不显著，基本地震烈度为Ⅷ度。

(2)滑坡区位于金沙江缝合带内，岩性分布与地质构造均很复杂。临近滑坡区的金沙江断裂西支波罗-通麦(木协)断裂对滑坡区的地层岩性分布、地貌演变等起控制作用；主要岩性为以元古宇雄松群片麻岩为主体的构造混杂岩、夹碳质板岩和大理岩，以及海西期侵入的超镁铁质和蛇纹岩带、燕山期侵入的花岗斑岩；片麻理面总体产状 223°∠47°，滑坡区整体上为逆向坡，倾倒变形产生的微地貌特征显著；滑坡区地下水不发育，仅局部有零星泉眼分布。

(3)滑坡区按地形地貌和岩性特征自上而下可以划分为三个子区：Z1 区位于海拔 3500m 以上，主要为全风化蛇纹石化片麻岩夹蛇纹岩；Z2 区位于海拔 3100～3500m，为强风化片麻岩夹碳质板岩以及局部花岗斑岩和大理岩；Z3 区为中风化片麻岩，局部偶见碳质板岩。

(4)白格"10·10"滑坡是河谷下切过程中岸坡长期地貌演变的结果，主要诱发因素为重力，地震和降雨对滑坡变形演变过程有促进作用。滑坡的孕育演化历史悠久，其后缘的唐夏寺搬迁应该是早期边坡变形导致的；除片麻理面外，滑坡区岩体不存在显著的优势结构面，但是风化和卸荷作用对滑坡的形成与演化作用显著。

(5)白格"10·10"滑坡属于高位、高剪出口、高速、非完全楔形体滑坡，方量约 1870×10⁴m³，属于特大型滑坡。滑坡的滑动与堆积过程具有鲜明的特点，包括初速度、碎屑碰撞、激起的高速射流、滑坡坝次级滑移等。

(6)滑坡启动至堆积过程大致可以划分为六步:主滑区和阻滑区启动;牵引区启动;形成碎屑侵蚀区;碎屑碰撞与激起的射流和水雾;滑坡坝的次级滑移;堆积区的表面冲刷。估算的滑坡的最大速度可达 67m/s。

(7)白格"11·3"滑坡的主要物源来自裂缝区 CZ1 左侧、以全风化蛇纹岩为主体的部分,其次为 CZ3-1 子区靠近白格"10·10"滑坡边界的片麻岩和弱风化花岗斑岩。总方量约 630×10⁴m³。CZ1 区的失稳可用楔劈效应模型解释,而 CZ3-1 子区的失稳则是滑坡碎屑铲刮其坡脚的结果。即 CZ3-1 子区失稳出现在 CZ1 区之后。白格"11·3"滑坡虽然方量小于白格"10·10"滑坡,但是由于滑坡碎屑叠加效应,滑坡坝增高了 35m,潜在威胁更大。

(8)白格"10·10"滑坡和白格"11·3"滑坡堰塞湖的回水长度分别为 45km 和约 70km,坝前最高水位分别为 2932.69m 和 2956.40m,存续时间分别为 64.40h 和 254.65h。淹没范围和损失主要受水位控制,白格"10·10"滑坡堰塞湖的淹没损失主要为江达县波罗乡,及其下游沿岸村庄和省道 S201,白格"11·3"滑坡堰塞湖的淹没损失则延伸至白玉县金沙乡。主要灾害损失为藏式民居倒塌,其次是公路淹没和水位消落诱发的塌岸。藏式民居的干打垒土墙不具备抗水侵蚀能力。

(9)塌岸在波罗乡藏曲两岸较为严重,其次是金沙江右岸热多村至塔贡果园段,均为河流阶地。规模较大的滑坡均为白格"11·3"滑坡堰塞湖水位消落诱发,包括藏曲左岸的波罗乡法院滑坡、波罗乡上游沿省道 S201 同波段的滑坡,以及圭利滑坡和肖莫久滑坡的复活。与蓄泄水速度相比,滑坡和塌岸受水位消落差和浸泡时间长短影响似乎较大。这点还有待在今后的滑坡堵江案例研究中进一步证实。

(10)白格"10·10"滑坡和白格"11·3"滑坡堰塞坝的细颗粒含量均较高,堰塞坝堆积密实,级配较为均匀,上下游坝坡坡比均小于安全坡比。这些特点决定了堰塞坝的漫坝溃决方式。白格"10·10"滑坡堰塞坝较低,溃决洪峰流量约 10000m³/s,未超过可能最大洪水流量,溃决洪水未诱发较大灾害。白格"11·3"滑坡堰塞坝较高,虽经人工干预溃决洪峰流量仍然达 31000m³/s,远超可能最大洪水流量,自堰塞坝至梨园水电站 671km 河段水毁严重。

(11)白格两起滑坡及其溃决洪水灾害链的直接经济损失接近 144 亿元。金沙江上游 4 座在建水电站的水毁损失严重,堰塞坝至奔子栏镇河段 20 多座大小桥梁均损毁殆尽,仅定曲河口大桥桥面较高保留完整,奔子栏以下损毁的桥梁均为较老旧的简易桥梁。溃决洪水冲刷、淹没和淤积是导致经济损失严重的主要原因。峡谷河段,岸坡以冲刷和局部塌岸为主,沿岸公路损失严重;宽谷河段冲刷与淹没并存,满足"凸岸沉积、凹岸冲刷"的规律。冲刷或局部塌岸是 671km 岸坡的主要破坏形式，未见严重的由坡脚冲刷而引起的滑坡或滑坡复活现象。

(12)白格"11·3"滑坡后，滑坡后缘裂缝区范围进一步扩展。CZ1 区向西扩展，越过山脊，直线距离约 130m；CZ2 区向南扩展到白格村，距滑坡边界直线距离约 500m；CZ3 区范围相对稳定。裂缝区变形速率与季节无关。CZ1-1、CZ1-2、CZ2-1 子区和 CZ3 区均已形成剪切带，目前尚未稳定。

(13)已形成剪切带的裂缝区中，CZ1-1 子区的失稳堵江风险最大，其次为 CZ2-1 子区，再次为 CZ1-2 子区。假定已经形成剪切带的 CZ1-1、CZ1-2 和 CZ2-1 子区同时失稳，所形成的堰塞坝坝高大致与白格"10·10"滑坡堰塞坝坝高相当。即裂缝区失稳堵江及其灾害链风险仍然处于可控范围。

两次溃决洪水事件均在金沙江中游梨园水电站得到化解，金沙江中游正在运行的水电站为减轻灾害链损失做出了重大贡献。

7.2　展　望

青藏高原因其高海拔和极其复杂的地质条件，一直以来是基础地质与地质灾害等科学研究的前沿地带和难点区域。从作者团队的工作来看，仅三江流域遥感解译就发现各类滑坡灾害 5 万余处，史前堵江滑坡在三江流域普遍存在，且不论是滑坡规模，还是堵江时间均远远超出了白格滑坡。可以说，白格滑坡仅仅是河谷演变历史中的一朵小浪花。因此，深入理解白格滑坡及其灾害链，不论是对这些历史堵江滑坡研究，还是预测河谷堵江滑坡的未来发展趋势，均有参考意义。

从工作进度来看，存在的困难主要包括两个方面，一是基础地质资料薄弱，二是交通条件困难。交通困难也是导致基础地质研究基础薄弱的原因之一。仍以三江地区为例，很多河段人烟稀少、山高坡陡(高差可大于 2000m，坡度可陡于 40°，见图 7.1)，甚至人行小径也不存在。这一特点在三江并流区的怒江与澜沧江河段表现最为突出。以怒江为例，遥感解译显示八宿县卡瓦百庆乡沙巴村滑坡变形严重[图 7.2(a)]，存在滑坡堵江风险。在乡政府了解到，该村 1996 年就因为滑坡变形，250 余名居民全部外迁务工。作者曾尝试对滑坡进行详细的现场调查，因道路不通作罢，最后只能在江对岸山脊照相取证[图 7.2(b)、(c)]，并采用 InSAR 技术论证其现状稳定。

三江流域交通条件类似，甚至更差的特大型滑坡还有不少未经查证。由于这类滑坡规模大，且基本上为基岩滑坡，一旦发生堵江潜在的灾害链问题将十分严重。如何降低这类滑坡灾害风险是一个十分棘手的难题。虽然我们可以等待技术的进步，但是短期内借助于工程，特别是水电开发提供的交通、通信便利可能是一条捷径。这点在白格滑坡堵江事件中已经表现得十分突出！

图 7.1　怒江峡谷(八宿县卡瓦百庆乡，镜向西)

图 7.2　沙巴村滑坡变形影像

附录 A
白格滑坡正射影像与地形图

图 A.1 白格滑坡前高分卫星影像(2018 年 2 月 28 日)

图 A.2　白格"10·10"滑坡坝溃决前无人机航拍正射影像(四川测绘地理信息局，2018 年 10 月 12 日)

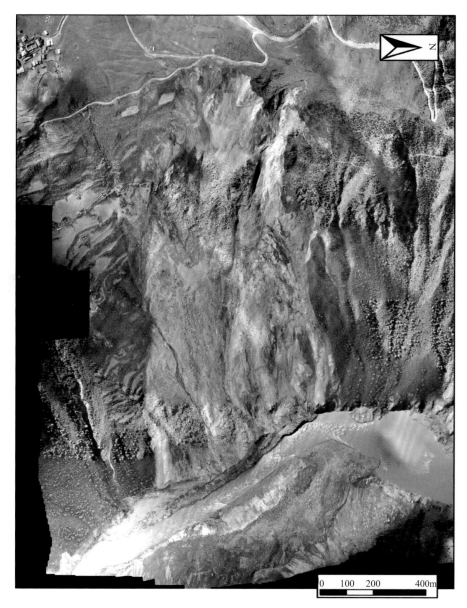

图 A.3　白格"10·10"滑坡坝溃决后无人机航拍正射影像(四川测绘地理信息局，2018 年 10 月 16 日)

图 A.4　白格"11·3"滑坡坝溃决前无人机航拍正射影像(四川测绘地理信息局,2018 年 11 月 5 日)

图 A.5　白格"11·3"滑坡现状无人机航拍正射影像(2019 年 10 月 3 日)

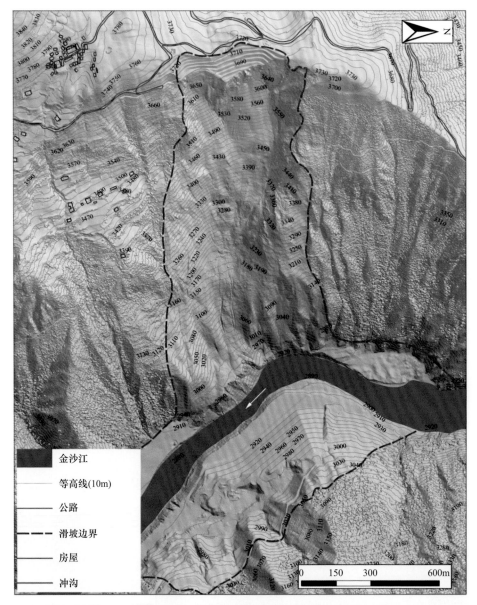

图 A.6　白格"11·3"滑坡现状地形图（2019 年 10 月 3 日）

附录 B
作者团队提交给政府的咨询报告

B.1 西藏自治区江达县白格滑坡形成机制与运动过程分析

(呈西藏自治区国土资源厅)

四川大学 邓建辉 高云建 余志球

二〇一八年十月二十一日

B.1.1 简介

2018 年 10 月 11 日 4:00 左右，西藏自治区江达县波罗乡白格村发生山体滑坡，滑坡体堵塞了金沙江上游河段。四川大学一行三人于 14 日中午到达江达县同普乡，15 日在西藏自治区相关部门支持下考察了波罗乡的受灾情况，16 日在四川省白玉县政府支持下考察了滑坡堰塞坝，17～18 日在西藏自治区国土资源厅支持下，与相关单位组成了 10 人专家组，联合考察了滑坡后缘情况。19 日在江达县国土局做了简单的汇报交流。因为时间关系，资料来不及系统总结。本报告在现场调查的基础上，对滑坡机制与过程做定性分析。

B.1.2 滑坡现场调查

(1)金沙江左岸(四川岸)不存在滑坡，光滑面为冲刷面。

四川岸总体上为坡积层和残留阶地岸坡，表面生长着柏树、灌木与杂草。岸坡物质胶结良好，冲刷仅将表面植被和壤土层清除。冲刷面按其形成原因分为两大类，一是滑坡碎屑冲刷，位于上游一侧，表面残留物质为碎石土；二是水砂射流冲刷，位于下游一侧，表面残留物质为泥皮。分区见图 B.1.1，坡面情况见图 B.1.2 和图 B.1.3。

(2)滑坡堰塞坝可分为两部分，上游侧为原始堆积，下游侧为次级滑坡体。

原始堆积区(主堆积区)与次级滑移区的边界参见图 B.1.1 和图 B.1.4。次级滑移区前缘发育横向拉张裂缝。

（3）堰塞坝物质整体上较为破碎、密实（图 B.1.5）。大块石绝大部分为片麻岩，碎屑成分复杂。大块石主要分布于原始堆积区表面（图 B.1.6），即堰塞坝的上游区域。

图 B.1.1　四川岸岸坡冲刷与滑坡堰塞坝堆积分区

图 B.1.2　四川岸滑坡碎屑冲刷区残留的滑坡碎屑

图 B.1.3　四川岸水砂射流冲刷区

图 B.1.4　次级滑移区及其横向拉张裂缝

(4)泄流槽总体稳定性较好，在现场调查的 7 个小时内，未见泄流槽两岸出现塌岸现象。

泄流槽左岸，即堰塞坝主体部分存在一些纵向裂缝，但是不显著。其右岸(即滑坡区一侧)未受太多扰动，整体较稳定(图 B.1.7)。

(5)滑坡主要受地质结构面控制，为非完全楔形体、高位、高剪出口、高速基岩滑坡(图 B.1.8)。

图 B.1.5　堰塞坝整体破碎、密实

图 B.1.6　大块石主要为片麻岩，分布于堰塞坝上游侧

图 B.1.7　泄流槽现状较为稳定

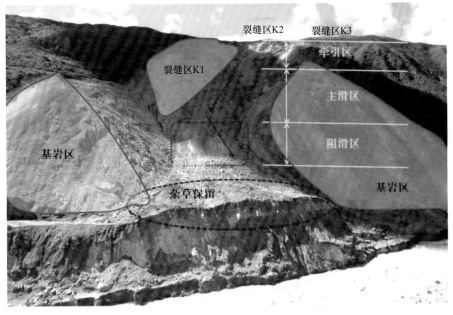

图 B.1.8　白格 "10·10" 滑坡分区

　　滑坡存在两个主滑方向。滑坡区为变质岩区,主要结构面发育欠完整,且产状多变。但是,中部的两组结构面发育较好,控制了第一个主滑方向,称为主滑区；上部控制性结构面不发育，从滑坡孕育演变来看为牵引区；下部控制性结构面产状发生了变化，控制了第二个主滑方向（偏向上游一侧）。另外，下部结构面发育较差，存在明显的基岩剪断现象（图 B.1.8 中的锁固段）。因此，下部为阻滑区。

主滑区两侧存在两个基岩区。该基岩区表面被散落的滑坡体冲刷，前期解译为滑坡区。因此，前期估算的滑坡方量较大。

滑坡的剪出口在高程 2980m 左右，远高于河床高程，为高剪出口滑坡。剪出口以下原坡积层上的杂草在滑坡之后仍然保存良好。

滑坡后缘及其两侧仍然存在 3 个裂缝区（图 B.1.9～图 B.1.11）。根据结构面发育特征，裂缝区 K1 潜在失稳风险最大。

除裂缝区 K1 上部有小冲沟补给地下水外，滑坡区未见其他地下水活动。

B.1.3　滑坡成因机制与过程分析

综合现场调查数据，可以排除地震和地下水对滑坡稳定的影响。导致滑坡的主要原因首先是结构面的不利组合，其次是锁固段基岩的渐进破坏。可以认为，该滑坡是河谷岸坡自然演变的结果。

滑坡过程大致分析如下。

图 B.1.9　裂缝区 K1

图 B.1.10　裂缝区 K2

图 B.1.11　裂缝区 K3

　　(1)阻滑区基岩剪断,主滑区和阻滑区开始下滑。由于剪出口较高,该部分滑体未直接撞击河水,或部分滑体底部从河水浅表略过,挟带了少许河水。因此,主堆积区表面受水力冲刷很小。

(2)主滑区和阻滑区高速撞击对岸,形成滑坡碎屑冲刷区。主滑区和阻滑区部分滑体高速撞击四川岸,并沿岸坡倾向逆冲,同时由于撞击,滑坡碎屑同时向岸坡两侧高速扩散,将岸坡植被与表层壤土冲刷殆尽,形成了滑坡碎屑冲刷区。

(3)主滑区和阻滑区冲高回落,与牵引区部分滑体再次相撞,并一起撞击河水,形成水砂射流。相撞的结果一方面使滑坡体进一步破碎,另一方面使两者的合力方向斜向下,导致滑体高速撞击河水,形成水砂射流。

(4)水砂射流冲刷四川岸坡形成水砂射流冲刷区。牵引区位置较高,速度较大,因此与主滑区和阻滑区相撞后的速度方向总体上是垂直向下但偏于四川岸方向的,而河水的速度方向是向下游的,这是导致四川岸下游侧形成水砂射流冲刷区的原因。

(5)堰塞坝形成,次级滑移开始。两次撞击后滑坡的能量大量耗散在堆积体破碎上,因此除表层外,堰塞坝物质整体较为破碎,但是滑坡碎屑的残余动能也使得其结构较为密实。由于剪出口平面上较窄,形成的堰塞坝较为高陡,沿河流下游侧产生了次级滑坡。上游侧未产生次级滑移的原因可能与上游侧堆积体颗粒较粗有关。

B.1.4　进一步工作建议

(1)全面转入灾后重建。

(2)尽快完成进入灾区的道路建设。

(3)在后缘变形区外侧加装安全防护栏与截排水沟。

(4)专业监测。

(5)详细的滑坡勘察。

B.2　西藏自治区江达县白格滑坡形成机制与运动过程之再分析

(呈西藏自治区国土资源厅)

四川大学　邓建辉　高云建　余志球

二〇一八年十一月九日

B.2.1　简介

2018 年 10 月 10 日 22:05:36,西藏自治区江达县波罗乡白格村发生山体滑坡,滑坡体堵塞了金沙江上游河段。四川大学在西藏自治区国土资源厅支持下，于 10 月 16～18 日对滑坡堰塞坝与滑坡后缘进行了初步调查，21 日提交了"西藏自治区江达县白格滑坡形成机制与运动过程分析"报告。11 月 3 日，白格村再次发生山体滑坡，堵塞了金沙江上游河段并形成堰塞湖。在西藏自治区国土资源厅支持下，11 月 8～9 日我们再次对滑坡现场进行了考察。本报告为本次调查的小结，希望能够为救灾行动提供一点参考意见。

B.2.2　11 月 3 日滑坡后的变化情况

本次现场考察的线路见图 B.2.1，其中 11 月 8 日的调查线路大致与 10 月 18 日的线路重合。

图 B.2.1　现场主要考察线路

前期调查报告我们对滑坡情况作了简单总结，见图 B.1.8。

滑坡范围划分为阻滑区、主滑区和牵引区的结论仍然是正确的。三个区域的分界高程大约为 3500m 和 3100m。白格"11·3"滑坡就是牵引区进一步发展的结果，位于裂缝区 K2 与裂缝区 K3 之间。滑坡目前与未来的潜在风险也主要位于牵引区。主要的裂缝区参看图 B.2.2，下面分别进行描述。

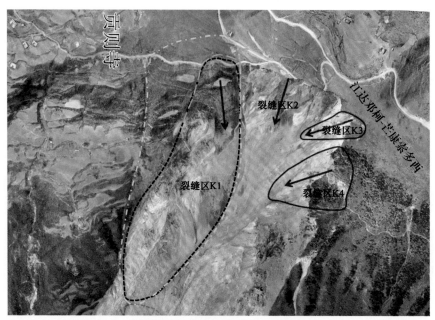

图 B.2.2　裂缝区范围与危险程度

B.2.2.1　裂缝区 K1

裂缝区 K1（黄色点画线区）相对于原范围（黑色虚线区）有所扩大。从变形量级来看，橙色线所包围的区域较大，潜在的威胁也最大，一旦滑动，黑色线所包围的区域也将启动，进而牵引黄色线所在区域。从北侧观察，裂缝区 K1 范围见图 B.2.3。

图 B.2.3　裂缝区 K1 的范围

裂缝区 K1 后缘的变形发展情况对比于图 B.2.4，边界与内部变形特征见图 B.2.5 和图 B.2.6。变形机制问题后面将进一步讨论。

图 B.2.4 裂缝区 K1 后缘(高程 3720m)变形发展情况
(a)2018 年 10 月 18 日；(b)2018 年 11 月 8 日

图 B.2.5 裂缝区 K1 南侧边界

图 B.2.6　裂缝区 K1 内部的块体沉降变形现象（3674m）

B.2.2.2　裂缝区 K2

白格"11·3"滑坡位于裂缝区 K2 靠近裂缝区 K3 一侧，其范围见图 B.2.7。裂缝区 K2 的主要变化在于：①原始裂缝加深、加宽；②裂缝范围进一步向西侧扩展，目前距滑坡后缘约 70m（图 B.2.8）。需要说明的是，该区的裂缝存在与图 B.2.6 相同的块体沉降现象（图 B.2.9）。

图 B.2.7　白格"11·3"滑坡范围（2018 年 10 月 18 日）

　　从南侧看，裂缝区 K2 边坡形貌见图 B.2.10。滑坡壁下部有基岩存在，这可能是变形较缓，且掉块不显著的原因。

图 B.2.8　裂缝区 K2 新旧裂缝范围对比

图 B.2.9　裂缝区 K2 沉降变形现象(2018 年 11 月 8 日)

图 B.2.10　裂缝区 K2 边坡形貌

B.2.2.3　裂缝区 K3 与裂缝区 K4

裂缝区 K3 和裂缝区 K4 为图 B.1.8 的裂缝区 K3，进一步划分的原因是两者的变形在经历白格"11·3"滑坡后显得相对独立(图 B.2.11)。裂缝区 K3 和 K4 是目前 4 个裂缝区中掉块最为严重的区域，风险较大。

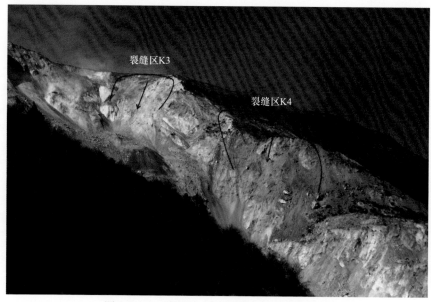

图 B.2.11　裂缝区 K3 和裂缝区 K4 边坡形貌

B.2.3　牵引区变形机制讨论

10 月 21 日的报告着重于滑坡的形成机制分析，对牵引区仅勾出了 3 个裂缝区，且认为裂缝区 K1 和 K2 的前缘基岩出露，对其稳定是有利的。本次着重考察了基岩的完整性及其与裂缝区的关系。

B.2.3.1　基岩的完整性问题

滑坡区位于金沙江缝合带，白格村岸坡岩体的风化与卸荷不能按常规河谷岸坡理解。一方面岩体整体上非常破碎(图 B.2.10，图 B.2.12)，另一方面岩体蚀变与风化严重。这点在牵引区表现得尤为突出。从白格"11·3"滑坡的堆积体来看，基本上是蛇绿岩或揉皱强烈的片麻岩，块度很少大于 0.5m，且结构面全部风化或为方解石充填。因此，即使存在图 B.2.10 和图 B.2.12 相对完整的基岩，在重力的长期作用下蠕变特征也会非常显著。即阻滑段对滑体的支撑作用是相对的、短暂的。结合现场的裂缝特征，其变形机制参见图 B.2.13。

B.2.3.2　基岩与裂缝区的关系问题

裂缝区 K3 和裂缝区 K4 的两侧均为完整性相对较好的基岩，这意味着裂缝区的基岩完整性较差。但应指出这仅仅是一个相对概念，一旦裂缝区 K3 和裂缝区 K4 滑坡了，中间的山脊是否能够保留是一个值得探究的问题。例如，白格"11·3"滑坡区的岩体相对较完整，白格"10·10"滑坡时得以幸存，但是 24 天后还是滑动了。这一分析说明，牵引区岩体质量太差，又极不均匀，同时现边坡极为高陡，其变形破坏过程可能会呈现出渐进后退的特点。因此，要有长期准备。

B.2.4　小结与进一步工作建议

(1)4 个裂缝区中，近阶段裂缝区 K3、K4 滑坡的风险最大，裂缝区 K1、K2 其次。

(2)从滑坡的后果来看，裂缝区 K1、K2 的后果最为严重，不能排除再次堵江风险。要有持久战准备。

(3)建议对 4 个裂缝区的方量进行计算，评估再次堵江的风险。

(4)建议加强裂缝区监测，特别是对裂缝区 K1、K2 重点关注沉降速率，并增加倾角计监测。

(5)加强巡视，就近解决现场工作人员的生活问题(白格村是个不错的选择)。

(6)现场工作人员单位较多，建议统一协调形成一个完整的工作团队。

图 B.2.12　裂缝区 K1 阻滑段岩体结构

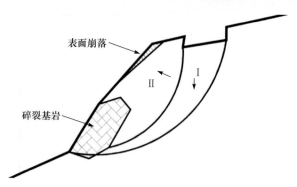

图 B.2.13　裂缝区 K1 和裂缝区 K2 变形破坏模式示意图

B.3　西藏自治区江达县白格滑坡现状与潜在问题

(呈西藏自治区自然资源厅)

国家重点研发计划"青藏高原重大滑坡动力灾变与风险
防控关键技术研究"项目组

二〇一九年三月二十九日

B.3.1　简介

2018 年 10 月 10 日 22:05:36,西藏自治区江达县波罗乡白格村发生山体滑坡,滑坡体堵塞了金沙江上游河段。四川大学在原西藏自治区国土资源厅支持下,于 10 月 16～18 日对滑坡堰塞坝与滑坡后缘进行了初步调查,21 日提交了"西藏自治区江达县白格滑坡形成机制与运动过程分析"报告。11 月 3 日,白格村再次发生山体滑坡,堵塞了金沙江上游河段并形成堰塞湖。在原西藏自治区国土资源厅支持下,11 月 8～9 日四川大学再次对滑坡现场进行了考察,9 日提交了"西藏自治区江达县白格滑坡形成机制与运动过程之再分析"报告。

鉴于白格滑坡中、后缘裂缝区范围较大,潜在滑坡堵江威胁并未解除,国家重点研发计划"青藏高原重大滑坡动力灾变与风险防控关键技术研究"项目组于 2019 年 3 月 4～13 日再次考察了滑坡的前、后缘,以及白格"11·3"滑坡的淹没与溃决洪水损失情况。本报告主要结合现场考察成果,讨论滑坡的潜在风险问题。

B.3.2　白格"11·3"滑坡堰塞坝溃决后的变化情况

2018 年 3 月初,波罗乡至白格村的简易公路已经完工,项目组先在滑坡后缘考察了 2 天,然后考察了 1 天的堰塞坝。相对于上期报告,现场的主要变化如下。

B.3.2.1　裂缝区 K1 和裂缝区 K2

图 B.2.2 给出了白格"11·3"滑坡后的 4 个裂缝区大致范围。4 个月过去后,裂缝区存在不同程度的解体,其中以裂缝区 K1 和裂缝区 K2 交接部位的解体最为严重(图 B.3.1,图 B.3.2)。由于裂缝区主要集中于牵引区,图 B.3.1 给出了裂缝区的主要范围,并未进一步细分。从现场情况来看,滑坡周边出现裂缝的地方很多,但是仔细考证后发现,有些裂缝应该属于浅层和局部的,与季节性冻胀循环有关,与滑坡牵引的力学机制并不吻合。

裂缝区 K1 和裂缝区 K2 的后缘有所扩展(图 B.3.3),但是变形破坏模式为渐进解体(图 B.3.4)。因此，发生规模较大的一次性滑坡，进而堵江的可能性暂时较小。但是，解体后的碎屑堆积于沟槽部位会构成潜在的问题(图 B.3.2)。

图 B.3.1 裂缝区范围(红色)与解体较严重部位(黄色)

图 B.3.2 解体的碎屑堆积情况

图 B.3.3　裂缝区 K1 后缘扩展情况

图 B.3.4　裂缝区 K1 后缘渐进解体情况

B.3.2.2　裂缝区 K3 与裂缝区 K4

裂缝区 K3 和裂缝区 K4(图 B.2.11)的前缘部分已经解体,后缘变形更为严重(图 B.3.5,图 B.3.6),但是变形范围基本上没有扩展。

图 B.3.5　裂缝区 K3 后缘现状 (2019 年 3 月 6 日)　　　图 B.3.6　裂缝区 K4 后缘现状 (2019 年 3 月 6 日)

裂缝区 K4 的裂缝总体上与坡体走向一致，呈现出独立发展的趋势，未来极有可能在现滑坡区上游形成一个独立滑坡 (图 B.3.7)。

B.3.3　牵引区变形趋势讨论

在 2018 年 11 月 9 日的报告中，我们曾讨论了基岩的完整性与变形模式。碎裂基岩整体上控制了滑坡的发展趋势。参见图 B.3.1 和图 B.3.2，原裂缝 K1 和裂缝区 K2 之间的解体部位就出现在两团碎裂基岩之间。至于后缘 (裂缝区 K2) 未出现图 B.2.13 所示的破坏模式，现场考察认为该团基岩延伸范围较广，与山背后公路内侧出露的基岩应为一体 (图 B.2.10，图 B.3.8)。

图 B.3.7　裂缝区 K4 发展趋势分析 (2019 年 3　　图 B.3.8　滑坡区山背后公路内侧出露的碎裂
月 8 日)　　　　　　　　　　　　　　　　　　基岩，疑与图 B.2.10 的碎裂基岩连成一体

应该指出，基岩整体上非常破碎，且蚀变与风化严重，其对后缘裂缝区的支撑作用是相对的、短暂的。类似图 B.3.9 的解体现象，几次现场考察都有所见。因此，可以推测，牵引区的长期稳定仍然不容乐观。

B.3.4　小结与进一步工作建议

(1) 牵引区目前整体上处于渐进解体状态，延缓了再次大规模滑坡的可能性。

(2) 牵引区的长期稳定性不容乐观，不能排除再次滑坡堵江风险。其一，渐

图 B.3.9　碎裂基岩的逐步解体

进解体的碎屑堆积于沟槽部位，二次整体滑移的可能性很大；其二，碎裂基岩处于相对缓慢解体过程中；其三，滑坡区右侧的裂缝区 K4 存在独立滑坡的风险。

（3）滑坡区监测仪器损毁较为严重，需尽快恢复。

（4）缺乏滑坡深部监测仪器，建议补充。

（5）论证合理的工程处置措施，降低再次堵江风险，加快上游波罗等乡镇的重建进程。可考虑的措施包括：①后缘削方；②裂缝区 K1 的前缘加固；③河道埋设排水管道，解决堵江后的泄洪问题；④清理堰塞坝，为可能的滑坡预留堆积空间，降低严重堰塞风险，同时可以保证待开发的上游波罗水电站成立。

B.4　西藏自治区江达县白格滑坡现状与潜在问题之二

（呈西藏自治区自然资源厅）

国家重点研发计划"青藏高原重大滑坡动力灾变与风险防控关键技术研究"项目组

邓建辉　姚　鑫　陈　菲　高云建　王　塞　赵思远　杨仲康

二〇一九年六月六日

B.4.1　简介

项目组先后于 2019 年 3 月初、4 月底和 6 月初对白格滑坡进行了现场调查，

3月29日向西藏自治区自然资源厅提交了"西藏自治区江达县白格滑坡现状与潜在问题"简报，并于5月下旬开始了滑坡的内观监测工作。针对滑坡近几个月的变化情况，以及目前监测中存在的问题，本报告进行简要总结，以期为滑坡的后期相关工作提供参考意见。

（1）主要变化情况：裂缝区 K2 范围扩展较大，裂缝区 K1、K2、K3 的后缘裂缝完全贯通；

（2）主要问题：钻孔施工速度过慢，钻孔质量难以满足仪埋要求。

B.4.2 白格滑坡的现状

进入3月后白格滑坡的变化趋势总体上是渐进解体，裂缝区逐渐向外围扩展。从6月初的调查结果来看，主要变化简述如下。

B.4.2.1 裂缝区 K1

裂缝区 K1 的变形尚处于缓慢发展过程中，但是3月以后变形范围变化不大（图 B.3.3）。需要注意的是，支撑裂缝区 K1 稳定的碎裂岩体处于渐进解体过程中，对后期稳定极为不利（图 B.4.1）。

图 B.4.1　控制裂缝区 K1 稳定的碎裂岩体解体情况（2019 年 6 月 5 日）

B.4.2.2 裂缝区 K2

裂缝区 K2 是近阶段变形发展最为快速的区域（图 B.4.2），其后缘已经扩展到白格村(图 B.4.3，图 B.4.4)，原断续裂缝已经完全贯通；公路以下的裂缝也已经向南侧扩展，裂缝已经扩展到简易公路以下(图 B.4.5)，南侧冲沟极有可能构成变形区的右侧边界；裂缝区 K2 的后缘是目前变形发展最为迅速的区域(图 B.4.6)。

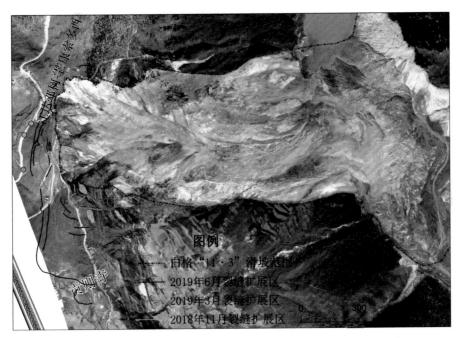

图 B.4.2　滑坡外围裂缝区扩展情况

图 B.4.3　白格村裂缝

图 B.4.4　裂缝导致的民居破裂情况

图 B.4.5 裂缝区 K2 的边界扩展至简易公路以下

图 B.4.6 裂缝区 K2 后缘变形发展情况(2019年6月5日)

项目组对白格区域进行了 InSAR 解译，主要变形区与裂缝范围基本一致(图 B.4.7)。

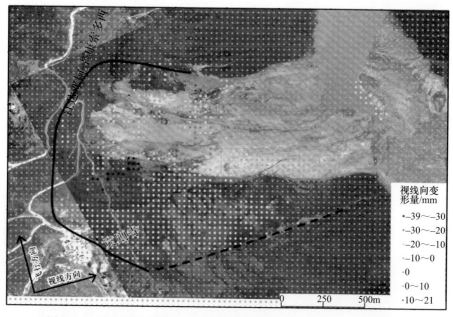

视线向变形量/mm

- ·-39～-30
- ·-30～-20
- ·-20～-10
- ·-10～0
- ·0
- ·0～10
- ·10～21

0　250　500m

图 B.4.7　边界裂缝范围与 InSAR 解译(2019 年 1 月 7～19 日)结果对比
虚线为推测裂缝发展趋势

B.4.2.3　裂缝区 K3

裂缝区 K3 目前变形相对较慢，变形范围扩展仅仅局限于后缘部分，侧向(北侧)扩展十分有限。

为了更为直观地展示滑坡的变形范围与裂缝扩展情况，图 B.4.8 给出了裂缝区三维形态，并附部分点位裂缝形态。

图 B.4.8　白格滑坡边界裂缝展布
基于 Google Earth，红色实线为现场调查，红色虚线为基于 InSAR 变形推测

　　综上所述，裂缝区 K1 碎裂基岩解体情况和裂缝区 K2 的变形发展情况未来应密切关注。

B.4.3　存在的问题

　　(1)裂缝区 K2 的监测点偏少。
　　(2)目前勘探孔的施工进度极慢，每天的进尺为 1～3m。按此进度，内观监测设施可能要到 8 月底雨季基本结束后才能完工。
　　(3)植物胶护壁孔底残留较多，测斜管很难安装至设计深度，同时植物胶柔性不透水，难以满足渗压计和微震探头埋设要求。

B.4.4　建议

　　(1)增加钻机的台数与钻机的功率，现有的 XY-1 型钻机功率太小，不能满足深孔钻进要求；
　　(2)采用水泥浆护壁，并加强沉渣清洗，使钻孔质量满足监测仪埋要求。
　　上述问题希望得到相关各方的关注与重视。

B.5 西藏自治区江达县白格滑坡后缘裂缝区风险与应急建议

（呈西藏自治区自然资源厅、昌都市自然资源局）

国家重点研发计划"青藏高原重大滑坡动力灾变与风险防控关键技术研究"项目组

邓建辉　陈　菲　高云建

二○二○年四月十日

B.5.1 简介

2019 年在西藏自治区自然资源厅、昌都市自然资源局，以及中国地质调查局成都地质调查中心支持下，项目组在白格裂缝区补充了内观监测。2020 年 4 月 6～9 日，我们再次对白格滑坡进行了调查，并补充了测斜。从现场监测与调查情况来看，2019 年度后缘的削坡减载卓有成效，后缘 K1-2 子区（图 B.5.1）的剪切带

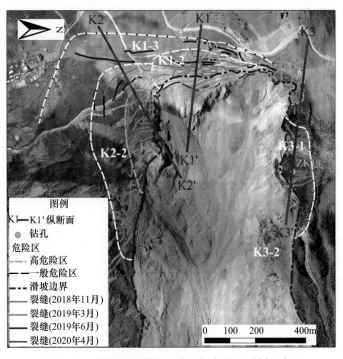

图 B.5.1　白格滑坡裂缝区分区与内观监测剖面布置

变形速率趋缓。但是某些宏观变形迹象却表明裂缝区的未来安全问题不容乐观。本报告将在裂缝区 2019 年 7 月至 2020 年 4 月内观监测成果的基础上，阐述裂缝区的发展趋势与潜在风险，并提出应对建议。

B.5.2　裂缝区内观监测成果

2019 年项目组在西藏自治区自然资源厅、昌都市自然资源局，以及中国地质调查局成都地质调查中心支持下，在白格裂缝区补充了内观监测。监测内容包括测斜和渗压等，为了对比分析补充了环境量，即降雨量监测。监测仪器分别为美国 SINCO 公司生产的测斜仪和振弦式渗压计(量程 70kPa，约 7m 水头)，深圳北斗云雨量计(精度 0.2mm)。

K1、K2 和 K3 区各布置一个监测断面，监测布置与实施情况参见表 B.5.1 和图 B.5.1。

表 B.5.1　监测实施情况一览表

序号	钻孔编号	孔深/ m	用途	初始读数时间
1	ZK1	95.5	测斜、渗压	2019/8/6
2	ZK7	44.5	测斜、渗压	2019/6/28
3	ZK8	79.5	测斜、渗压	2019/7/31
4	ZK10	90.5	测斜、渗压	2019/7/21
5	ZK15	48.5	测斜	2019/8/11
6	ZK17	76.0	测斜	2019/10/4
7	ZK18	40.0	测斜	2019/10/11

4 支渗压计的监测成果与降雨量对比于图 B.5.2。2019 年雨季白格滑坡的降雨量不大(表 B.5.2)，最大降雨量为 36.6mm/d。从图 B.5.2 来看，渗压计的渗压值或换算水头与降雨过程无关。由于钻孔过程使用植物胶护壁，渗压计刚埋设时普遍渗压较高，但是随着时间的推移，孔隙水压力消散很快。ZK8 和 ZK10 的渗压为负值，处于完全无水状态；ZK1 的渗压为 5.5kPa(0.56m 水头)；只有位于裂缝区之外的 ZK7 渗压略高，为 28.1kPa(2.8m 水头)，即对白格滑坡而言，基本上不存在固定的地下水位。从后面的剪切带变形趋势来看，降雨过程似乎也没有直接影响。

7 个测斜孔中，4 个监测到深部剪切变形，即 ZK1、ZK8、ZK17 和 ZK18。其中，ZK17 只完成初值测量，两天后再次测量时探头只能下放至孔深 15.5m 处，即 ZK17 的滑带深度在 15.5m 以下。ZK1、ZK8 和 ZK18 的 A 向(顺坡向)累计位移孔深曲线见图 B.5.3。ZK1 的剪切带深度为 49.0～67.0m；ZK8 侧孔分别在 5.5～7.5m 和 61.0～62.0m 存在两个剪切带，第一个剪切带基本对应表层强风化层，第二个剪切带为元古宇雄松群片麻岩的岩性分异界面(目前因人工破坏，无法观测)；

ZK18 的剪切带深度为 21.5~22.5m，同样是岩性分异界面；ZK17 的岩性分异界面深度为 18.0m，参照 ZK1 与 ZK18 可以推测其剪切带深度为 15.5~18.0m。这类分异界面既体现了岩性差异，又体现了在构造作用下岩体相对破碎，风化相对强烈。

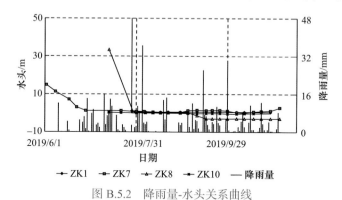

图 B.5.2　降雨量-水头关系曲线

表 B.5.2　2019 年雨季白格滑坡月降雨量

参数	月份				
	6	7	8	9	10
降雨量/mm	50.2	106.4	113.2	141.8	63.8

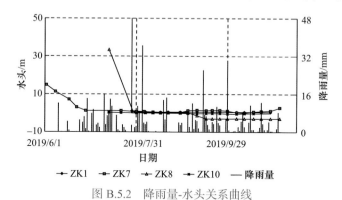

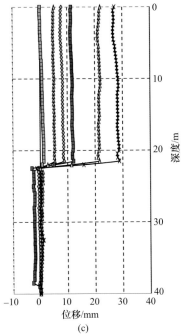

图 B.5.3　测斜孔 A0 向累计位移-孔深曲线
(a)ZK1；(b)ZK8；(c)ZK18

　　鉴于测斜孔的累计误差比较大，统计各钻孔剪切带的位移等参数示于表 B.5.3，制作的位移-时间曲线见图 B.5.4～图 B.5.7，图表中方位角为剪切带变形方向。K1 区的 2 个监测孔 ZK1 和 ZK8 的监测时间最早，但是平均变形速率最小，为 0.22mm/d(ZK1)。K1 区变形速率总体上呈收敛趋势，一定程度上反映 2019 年的削方减载措施是有效的；K3 区的平均变形速率为 3.33mm/d；变形速率最大的是 K2-1 子区，参照 ZK18 剪断时的变形量，推测速率应在 20mm/d 左右。

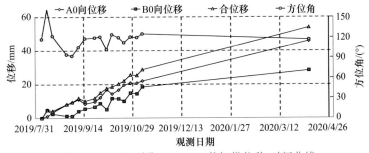

图 B.5.4　ZK1 测孔 49～67m 剪切带位移-时间曲线

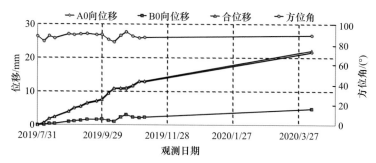

图 B.5.5　ZK8 测孔 5.5～7.5m 剪切带位移-时间曲线

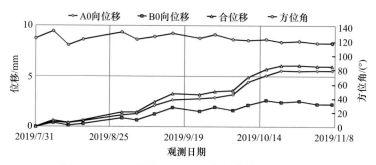

图 B.5.6　ZK8 测孔 61～62m 剪切带位移时间曲线

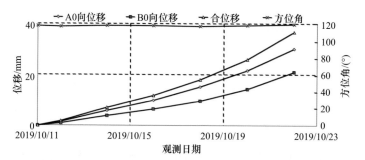

图 B.5.7　ZK18 测孔 21.5～22.5m 剪切带位移时间曲线

表 B.5.3　剪切带位移观测成果一览表

序号	钻孔编号	观测次数	观测日期	A0 向位移/mm	B0 向位移/mm	合位移/mm	方位角/(°)	平均速率/(mm/s)	剪切带深度/m	剖面	备注
1	ZK1	15	2020/4/8	45.76	28.32	53.81	117	0.22	49.0～67.0	C2-C2′	
3	ZK8	16	2020/4/8	21.62	4.89	22.16	98	0.09	5.5～7.5	C2-C2′	
			2019/11/7	5.57	2.25	6.00	116	0.06	61.0～62.0	C2-C2′	

续表

序号	钻孔编号	观测次数	观测日期	A0 向位移/mm	B0 向位移/mm	合位移/mm	方位角/(°)	平均速率/(mm/s)	剪切带深度/m	剖面	备注
6	ZK17	1							15.5~18.0	C1-C1′	破坏
7	ZK18	7	2019/10/22	30.04	20.95	36.62	129	3.33	21.5~22.5	C3-C3′	破坏

ZK8 的两个剪切带中，深部剪切带变形小，且已经稳定，但是浅部剪切带变形尚处于稳定发展之中。ZK17 在剪断前变形也未出现收敛现象，即白格滑坡的三个拉裂区变形尚未企稳，进一步滑坡失稳的风险仍然很大。

B.5.3 裂缝区风险分析

图 B.5.1 给出了裂缝区分区图。结合本次的地表调查，我们认为从滑坡堵江的风险角度潜在危险最大的为 K1-1 和 K2-1 子区。分述如下。

K1-1 子区的范围大致相当于九一五水文地质工程地质队勘测报告的 K1-4、K1-5 的全部，以及 K1-3 的部分。列为风险大的原因在于以下三个方面。

(1) 该子区目前已经形成圈椅状裂缝；

(2) 前缘陡峻(图 B.5.8)；

(3) 岩性为全、强风化蛇绿岩。

该子区可能会出现类似白格"11·3"滑坡的失稳模式，变形不大，预报困难。

K2-1 子区后缘位于原省道 S201 处，累计沉降超过 5m，且削方后变形速度未减(图 B.5.9)，在所有裂缝区中变形速率是最大的。从现场调查情况来看，其前缘碎裂的蚀变片麻岩渗水严重(图 B.5.10)，按该区域的变形机理推测，碎裂基岩已经基本贯通，即该子区已经具备整体下滑的条件。

K1-1 和 K2-1 子区的估算方量均在 $80×10^4m^3$ 左右，进一步考虑滑槽残存的近百万立方米清方和塌滑碎屑，单一子区失稳即可形成白格"10·10"滑坡堰塞坝高度。由于滑坡碎屑的铲刮和震动效应，两个子区连续下滑的可能性极大。这仅仅是问题严重的一个方面。按照白格滑坡的特点，这两个子区下滑后，K1-2 和 K2-2 两个子区受牵引解体的概率极大。

B.5.4 应急对策建议

根据我们的认知，K1-1 和 K2-1 两个子区在 2020 年度失稳的风险极大。为有效地控制潜在失稳灾害，建议：

(1) 加强两个子区地表变形监测与预警。

(2) 补充 K1-1 子区的深部变形监测(该区目前没有深部变形监测孔)，恢复

K1-2 子区 ZK8 的深部变形监测。

图 B.5.8　K1-1 子区潜在失稳范围

图 B.5.9　K2-1 子区后缘裂缝

图 B.5.10　K2-1 子区潜在失稳范围

（3）开展潜在失稳范围、方量、堵江风险等的定量评估。

（4）制定滑坡堵江应急处置预案。包括指挥系统、人员设备配置等，做到灾害发生后能够快速抢险，降低链生灾害风险。

上述粗浅认识与建议，不足之处请斧正。

B.6　西藏自治区江达县白格滑坡后缘裂缝区现状与建议

（呈西藏自治区自然资源厅、昌都市与江达县自然资源局）

国家重点研发计划"青藏高原重大滑坡动力灾变与风险防控关键技术研究"项目组

邓建辉　姚　鑫　马显春　陈　菲　高云建　等

二〇二〇年九月一日

B.6.1　简介

2020 年 4 月 10 日，项目组曾以"西藏自治区江达县白格滑坡后缘裂缝区风险与应急建议"为题分析了白格滑坡中后缘裂缝区需要重点关注的区域。从 8 月下旬的裂缝发展情况来看，重点关注区域维持不变，但是裂缝扩展速度低于预期。

新增贡则寺区域作为需要重点关注的区域。下面分别加以详述。

B.6.2　2020 年 8 月裂缝区现状

图 B.5.1 为裂缝区的风险分区,近期需重点关注的仍然是 K1-1 和 K2-1 子区。K3 区虽然变形速度较快,仍然以逐步解体为主。

至 2020 年 8 月裂缝均存在不同程度发展。K1-1 子区左侧裂缝在 4 月和 8 月的扩展情况对比于图 B.6.1,裂缝张开约 15cm,错台约 20cm。右侧裂缝在地表不显著,可能与量级不大、车辆碾压和雨季降雨有关。K2-1 子区后缘沉降 1～1.5m,范围有所扩展(图 B.6.2),其前缘的地下水消失。据现场工作人员反映,他们在 7 月巡视检查时就发现原 3500m 平台上的泉眼消失了。滑坡槽内除大雨后的地表径流外,未见其他流水。

裂缝区内 5 座贡则寺僧舍附近的裂缝扩展速度较快。5#僧舍墙面裂缝虽经修复,但是正面墙体仍然倒塌(图 B.6.3);4#僧舍前裂缝开裂约 20cm,错台约 10cm(图 B.6.4);耕地裂缝出现错台约 10cm(图 B.6.5)。所有错台均呈现出靠滑坡区一侧抬升现象。

所有这些迹象表明,裂缝区的未来发展趋势不容乐观。虽然近滑坡边界的裂缝扩展速度低于预期,K1-1 和 K2-1 子区的近期安全问题仍需高度关注。

图 B.6.1　K1-1 子区左侧裂缝发展情况

图 B.6.2　K2-1 子区后缘裂缝发展情况（2020 年 8 月 30 日）

图 B.6.3　5#僧舍墙面倒塌

图 B.6.4　4#僧舍前地面裂缝扩展迅速

图 B.6.5　原耕地裂缝错台明显

B.6.3 贡则寺相关建筑墙面开裂问题

早在 2019 年 6 月，贡则寺次陈俄色堪布就向我反映过其所居住的 33#僧舍出现墙面开裂现象。因该僧舍位于图 B.5.1 所示的裂缝区外，且离滑坡区较远，我们一直试图用地基不均匀沉降或冻融循环理论解释。但是，如下几点证据表明，僧舍开裂现象极有可能与裂缝区范围向南侧进一步发展有关。

（1）InSAR 解译的变形区范围远大于裂缝区范围，且目前仍然有所发展（图 B.6.6）。

（2）33#僧舍墙面的裂缝变形特征与目前裂缝区范围内的裂缝变形特征一致。有错台，且抬升一侧为滑坡区一侧。

（3）即使在雨季，贡则寺周边田地里仍然可见新的裂缝（图 B.6.7），且位于原裂缝区边界外。

（4）除 33#僧舍外，裂缝区外的其他僧舍墙面均可见裂缝的存在与发展迹象（图 B.6.8）。

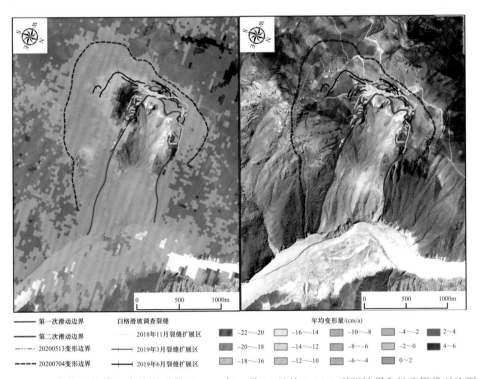

图例		年均变形量/(cm/a)			
—— 第一次滑动边界	白格滑坡调查裂缝	−22~−20	−16~−14	−10~−8	−4~−2	2~4
—— 第二次滑动边界	2018年11月裂缝扩展区	−20~−18	−14~−12	−8~−6	−2~0	4~6
--- 20200513变形边界	2019年3月裂缝扩展区	−18~−16	−12~−10	−6~−4	0~2	
--- 20200704变形边界	2019年6月裂缝扩展区					

图 B.6.6 白格滑坡第二次溃滑后截至 2020 年 7 月 24 日的 InSAR 观测结果和航飞影像对比图

图 B.6.7　贡则寺周边出现的新裂缝

图 B.6.8　其他僧舍墙面开裂现象

B.6.4　对策与建议

从滑坡堵江角度，K1-1 和 K2-1 两个子区的风险仍然最大。但是，贡则寺片区的房屋裂缝问题应该引起足够重视，该问题既涉及人身安全，又涉及民族与宗教问题，建议如下。

(1) 补充贡则寺片区变形监测与成因论证。具体监测方法建议包括精细 InSAR 变形监测(可获取历史变形数据)与高精度 GNSS 监测等。

(2) 制定贡则寺片区处置应急预案。

B.6.5　协助申请

自 2018 年末开始，项目组在科技部与西藏自治区各级政府支持下一直坚持在白格滑坡现场从事调查与监测工作。2020 年 7 月在滑坡后缘成功安装和调试了一套 12 通道微震监测系统，并取得初步成果(图 B.6.9)。该系统的价值体现在可以分析裂缝的成因与分布规律，并预测发展趋势，有望为滑坡预警提供一种新的手段。但是，该系统目前并不完备，目前监测的主要问题如下。

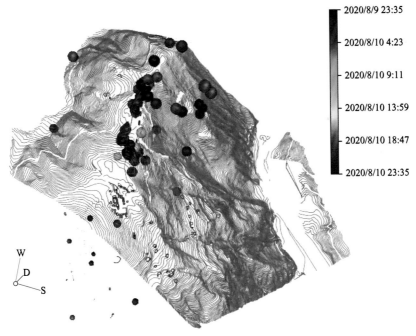

图 B.6.9　白格滑坡微震事件初步监测成果(震级≥−10.0，击发数≥3，2020 年 8 月 9～10 日)

(1) 尚未进行速度标定，影响监测信息的定位精度。

(2) 现场 4G 信号不稳定，不能实现实时监测与分析。

(3)受省道 S201 施工影响较大，无效信号多，数据处理工作量大。

针对第一个问题，我们拟在现场开展速度标定试验，需要少量爆破器材，包括 3 枚雷管和 3 管炸药。正在现场施工的西藏天顺路桥工程有限公司愿意提供协助，但是由于爆炸物品属于严格管控物品，需要江达县治安大队提供书面许可。希望政府部门能够帮助我们协调一下。

附录 C

西藏自治区江达县白格滑坡调查纪行

C.1 前 言

2018 年 10 月 11 日 7:00 左右(这个时间是四川省官方数据,可能有误。中国电建集团成都勘测设计研究院设计的叶巴滩水电站 5:00 左右即发现断流现象,邻近的地震台网 10 日 22:00~23:00 的地震波形存在异常。因此,10 日晚可能是个较合理的时间。百度百科词条白格堰塞湖已经把时间更正为 2018 年 10 月 10 日 22:05:36),西藏自治区江达县波罗乡白格村发生山体滑坡,滑坡体堵塞了金沙江上游河段。11 日各媒体开始报道此事。综合多方信息,此滑坡存在如下异常现象:一是滑坡的规模较大。滑坡点似乎为斜向坡,按照经验这类滑坡的单次规模不会太大,2000 万~3000 万 m³ 似乎太大。二是滑坡发生的时间有点怪。既非雨季,又不存在地震扰动。那又是什么因素触发如此规模的滑坡呢? 本来 10 月 10~12 日是我们集中修改重点研发计划申请书的时间,考虑如此异常现象,同时此次滑坡与我们申报的项目密切相关,经与戴福初、文宝萍等教授商议,决定由他们来修改申请书,我带队前往灾区考察,一来解除我们心中的疑惑,另外,也可为救灾提点科学性建议。

C.2 前往江达县同普乡

考虑灾区的条件有限,我们 12 日做了较为充分的准备,包括租车,准备帐篷、睡袋、干粮、矿泉水、电池等应急用品,同时通知学生高云建和余志球准备冬衣。成都市至江达县的距离约 1000km,原计划一天赶到。因此,10 月 13 日 6:00 我们就从成都市出发了。计划的线路是成都市、泸定县、康定市、新都桥镇、道孚县、炉霍县,然后沿国道 G317 经甘孜县、德格县直达西藏自治区江达县同普乡。中午在新都桥镇吃饭,18:00 到达甘孜县。当地人说前面的雀儿山隧道未通,19:00 开始交通管制。作为"川藏第一高"的雀儿山垭口海拔 5050m,晚上翻越的确风险太大。再者，经过近 12 个小时的长途跋涉，大家都很疲惫，最终决定在甘孜县休息一晚，第二天再赶路。一路风景总体较漂亮，印象深刻的是道孚民居，木结构房屋相对于丹巴的片石结构房屋而言更抗震，同时枣红色与环境形成鲜明的对比，有一种别致的美(图 C.1)！

在路上时，已有消息传来滑坡坝已经于 12 日傍晚自然溃决。后来的准确消息是"堰塞体自 10 月 12 日 17:30 自然溢流，过流量逐渐加大，形成了较大过流通道，堰塞湖上游水文站水位 13 日 0:45 达到洪峰水位 2918.3m"。水文部门初步推算堰塞湖最大下泄流量约 10000m³/s(13 日 7 时左右)。

14 日 7:00 起床，甘孜县城下着小雨。我们在宾馆附近吃了碗面条，接着出发。越靠近雀儿山，雪下得越大。朱师傅十分担心不能顺利通过垭口。既然出来了，总不能打退堂鼓，我们只能鼓励他不断前行。快 9:00 时，海拔已近 4000m了，雪也很大。前面一辆川 A 牌照的车前保险杠全部撞坏了，我们一致认为我们有必要装上防滑链，于是大家开始下车装防滑链(图 C.2)。这件事情进行得并不顺利，主要是新买的防滑链虽然规格与轮胎一致，却被某位粗心的生产工人多装了一节。车辆行进时，多出的一节不断敲打挡泥板，很是让人心烦。本来装上防滑链车辆的响声就很难听，再加上这种敲打声就更让人接受不了。不断调整几次防滑链后已经过了 10:00，路上的车辆逐渐增多。问了几位从德格县方向过来的师傅，一位说四驱没问题，一位开面包车的藏族司机说他从来不用防滑链。鉴于防滑链问题，我们决定停车，把那嘎嘎响的防滑链去掉。这时路面的雪开始融化，没有防滑链的车辆前进似乎舒适了不少。戏剧性的是没走一公里，我们居然进了雀儿山隧道，且出隧道后路面没有任何冰雪！

图 C.1 道孚民居

图 C.2 在雀儿山隧道下方安装防滑链

从岗托大桥过金沙江，在桥西的藏东第一家吃了碗面条也就算解决午饭问题了。接下来的旅程就是翻越进入西藏境内的第一个垭口，即矮拉山垭口，海拔4245m。再次没有想到的是矮拉山隧道居然也通车了！看来川藏公路近年的改造力度很大，很多垭口都改成了隧道穿越。虽然损失了垭口的风景，但是冬季行车安全更有保障。大约 14:00 就顺利到达江达县同普乡了。

C.3　解决通行证问题与波罗乡调查

同普乡至波罗乡已经交通管制，需要江达县应急管理办公室的通行证才能通行。跑了两天总不能因为管制问题不去现场吧！我开始回忆西藏自治区可以帮助解决问题的途径，从西藏大学副校长，西藏自治区科学技术厅处长，到中国安能建设集团有限公司找了一个遍，都没搞定。也给谢和平院士打了电话，但是他也不熟。最后通过四川大学副校长晏世经找到曾在西藏工作的四川大学副校长侯太平才算有所眉目。此时已经是 16:00 多了，只能先去江达县等待。

西藏自治区公安厅平措副厅长帮我们在江达县定好了酒店，让人感动的是平措副厅长晚上还让司机送来一箱矿泉水和一袋味道很好的苹果，并在 15 日早晨陪我们在县政府吃了早餐。早餐时有幸认识了原西藏自治区国土资源厅刘鸿飞总工和原昌都市国土资源局李章国副局长。这些同志对我们后来的工作支持很大。约 11:00 西藏自治区公安厅吴磊先生帮我们办好了通行证。本来说 3 天就够了，结果办出来的是长期。西藏的同志有远见，长期的通行证给我们二次进藏提供了极大的便利。

拿到通行证我们就直奔波罗乡了，普罗公路(省道 S201)沿藏曲(多曲)两岸近乎直线行驶，该段河流应该是个断层，查了一下 1:20 万地质图，的确有条断层从其南侧通过，但是并未沿河延伸。印象深刻的是吉荣大峡谷，峡谷两岸岩壁坚立，估计高差近千米，在喇嘛寺的衬托下，既壮观，又有一种自然与人文协调的美(图 C.3)。

波罗乡位于金沙江与藏曲右岸的河流阶地上，高程约 2930m。水退后藏曲两岸不同程度存在塌岸，通往乡政府的石拱桥露出水面(图 C.4)，但是因为浸泡和塌岸的关系仍然禁止通行。没办法，只有前往白玉县看看了。

图 C.3　普罗路上的吉荣大峡谷

图 C.4　波罗乡政府与藏曲石拱桥

C.4　白格滑坡坝调查

在同普乡吃完午饭，我们就经过金沙乡直奔白玉县城。听说白玉县城住房紧张，提前让中国安能建设集团有限公司覃壮恩总工订好了酒店。晚上与四川大学戚顺超老师一行三人共进晚餐。戚老师谈了一下现场工作情况，他用"极限运动"四个字来形容搭乘摩托车的感受。不过我们去滑坡坝的决心是不会动摇的！回酒店时，意外地遇见覃壮恩总工与水利部长江水利委员会的杨启贵、蔡耀军等老朋友，他乡遇故知，早知道应该一起聚聚。

16 日 6:00 起床，发现白玉县很难找到营业的餐馆，好不容易找到一家小店解决了早餐问题，大约 6:30 就出发了。白玉县城至则巴村的距离约 42.6km，沿甘白路至绒盖乡，然后右拐进乡间小道，至向顶村就该爬山了(图 C.5)。

图 C.5　白玉县城至白格滑坡路线(黄色部分为摩托车线路)

山底气温尚可，汽车爬坡后开始感觉路面有冰，至海拔约 4000m 时，明显感觉汽车侧滑明显，防滑链不能用，我们只得下车等待，此时为 7:16。大约 1 小时后，山下来了一辆越野车。一打听，知道是灾民，因为堵江原因，目前暂住在山顶。他告诉我们，再往前走 100 多米，路面就没冰了！他在路上撒了点土，就带头前行。人家两驱的车都能走，我们四驱的车自然没有问题。小心翼翼地行走一段后，翻过垭口路面状况果然好转。

则巴村很漂亮，云雾缭绕，宛如仙境(图 C.6)。下山的路既陡弯道又急，我们回程时不得不下车，空车才勉强爬上去，我们可是排量 3.0L 的越野车啊！9:25

左右，我们顺利到达则巴村。与县政府值班人员联系，安排摩托车送我们至金沙江边。则巴村的高程约 3500m，江边的高程约 2900m，600m 的高差，近 4km 的路程对我们的体力而言，是一个考验。对两位很少出野外的学生而言，更是如此！尽管戚老师的"极限运动"四个字仍然在耳，但是乘坐摩托车变成了我们的不二选择！

图 C.6　宛如仙境的则巴村

半个小时的摩托车车程虽然艰险，但是几位藏族车手技艺高超，我们 10:00 就到达江边了，既节省了体力，又为我们的现场考察赢得了宝贵的时间。在此，留下他们的姓名以示感谢！他们是司朗巴登、巴登多吉和布卡。

滑坡坝的调查总体很顺利，泄流槽稳定性较好(图 C.7)，从滑坡体下部往上仰视，感觉有些残留，但是稳定现状尚可，未见崩塌现象。原以为滑坡会产生涌浪等现象，根据堆积体形态、物质成分、滑床形态等因素分析，滑坡实际上为一个高位、高剪出口、高速滑坡。让人觉得震惊的是滑体撞击河水产生的水砂射流速度非常大，将四川岸表面清洗得干干净净，这一现象是过去所没见过的。我们大约 17:00 结束现场工作，再次联系白玉县政府，坐摩托车返回。遗憾的是未能留下四位摩托车手的姓名。再次感谢他们的真诚帮助，希望下次去现场时能够将它们的照片带过去！还要感谢白玉县郑宁副县长等的帮助！

图 C.7 滑坡坝与泄流槽

C.5 白格滑坡后缘调查

刚到达滑坡坝边缘时,原西藏自治区国土资源厅的刘鸿飞总工就打电话说 17 日会组织一批专家前往滑坡后缘,给四川大学留了两个名额,建议我们尽快赶回江达县。这消息很让人振奋,但是还没上坝就撤,实在是有点不舍。在问清楚 17 日 9:00 在波罗乡聚合后,决定先调查滑坡坝,再去江达县。

调查完滑坡坝回到白玉县城已经是 20:00 多了,我们决定第二天清早再赶去波罗乡。吃完晚饭,我们都早早休息了。白玉县至波罗乡的距离约 173km,大约 4 小时车程。第二天 4:00,我们就从白玉县城出发,经金沙乡、岗托大桥、同普乡,再到波罗乡,到波罗乡时大约是 8:45。等到 9:30 左右 10 人的队伍才集合完毕,9 名专业人士加上向导索登。索登向导还带了一封介绍信,内容简明扼要,见图 C.8。

与四川省华地建设工程有限责任公司刘洪涛先生一起照了张全家福,我们就出发了。自波罗乡至白格村原来有简易公路,第一次堰塞湖退水后垮塌严重,部分路面还在水下,如何到达白格村完全取决于向导索登。图 C.9 是根据回忆做的,刚离开波罗乡时是沿江而下,边走边考察沿江塌岸情况。约 2km 后路面完全淹没,路开始变得很难走,其中塔贡果园至才玛村段压根没路,是走得最为艰难的一段(图 C.10)。

图 C.8 向导索登的介绍信

图 C.9 前进线路(黄色部分为返程)

图 C.10　波罗乡至才玛村

到达才玛村已经接近 17:00 了，也就是说约 3km 的路程居然用了快 5 个小时的时间！才玛村是一个洪积扇（图 C.11），在金沙江上游河谷地区算得上是一个很不错的地方，且这次的堰塞湖淹没很有限。

图 C.11　才玛村

到才玛村开始有路了，但是是上坡路！我们需要沿着之字形简易公路从海拔 2900m 爬升至海拔 3400m。上行了近 3 个小时，大家基本都走不动了，对了一下 GPS 爬升不足 300m！实在走不动了，内心最大的愿望就是希望路边有个茅草堆可以在里面睡一觉！还好向导和小高的体力还行，我们就让他们先行，找摩托车来接我们！当看到山顶闪亮的摩托车灯时，当时的内心感受就像被困孤岛时突然发现有艘船来接你了！也就不足 10 分钟的摩托车车程，按我们当时的体力走的话估计还得四五个小时。我曾在朋友圈发了首打油诗"上山气喘，下山腿软，四肢并用，平安往返"来描述徒步前往白格村的艰难。

到达申帕村时已经是 20:30，当晚住在村主任家里。村主任一家人不会说汉语，但是十分友善，先为我们准备了酥油茶，接着又准备晚饭。几位同伴喝不惯酥油茶，我按自己的经验建议他们多少喝点，在高原地区这种高能饮料能够帮助我们尽快恢复体力。除了酥油茶外，我还吃了个带酸奶渣的糌粑，味道很不错，最关键的是营养好。

18 日 7:00 讨论去白格村的行程时意见很不统一，虽然昨晚的摩托车拯救了我们，但是在高山峡谷地区骑行还是很危险。最终达成的意见是每人搭乘一辆摩托车，遇到太危险的路就下来步行。这也是没有办法的办法，毕竟我们昨天才爬过一座山，后面还有三座山等着我们！实际上一路下来步行的概率都不大，在高原缺氧、体力透支的条件下，步行上下山基本上不现实，搭乘摩托车基本上成了唯一可行的选择。

18 日的行程出了个小插曲，按照藏族传统需要在苏巴村重新换摩托车，后经向导与村主任协调改成了绕行。绕行不多，一路上很顺利，9:30 就到达了塔嘎村，11:40 到达滑坡后缘。图 C.12 是我们的部分行程。与部队联系上后，发现他们仅剩下一箱矿泉水，能够给我们提供的给养是一箱桶装方便面和每人一大块压缩饼干！非常感谢他们，在未收到通知的情况下让我们享用了他们自己的午餐！致敬这些最可爱的人！

(a) 苏巴村

(b) 塔嘎村

图 C.12 前往滑坡后缘

我们面临的第二大问题是没有通信，无法与外界取得联系，部队也是如此。曾尝试白格村的卫星电话也未成功。鉴于现场条件，在对后缘进行简单的考察后，我们一行决定尽快返回波罗乡。

返程很顺利，14:00 后出发，大约 16:00 就接近申帕村了。为了感谢藏族极限摩托车手的卓越工作，也为了纪念这次难忘的旅行，大家在山脊处停下合影留念（图 C.13）。索登也为我们选择了一条捷径，摩托车手在申帕村加油后直接把我们送到了波庆村。18:00 左右从波庆徒步出发，21:00 前就全部返回波罗乡，22:00 左右到达江达县。刘洪涛先生给大家准备了丰盛的接风晚宴。

18 日晚准备了一个简单的 PPT，19 日上午考察队一行与原西藏自治区国土资源厅、昌都市国土资源局领导进行了汇报交流，下午返程，晚上开始准备"西藏自治区江达县白格滑坡形成机制与运动过程分析"报告，21 日提交后，此次考察行程正式结束。

图 C.13　与摩托车手合影留念

1. 段雄德，深圳市北斗云信息技术有限公司；2. 葛华，中国地质调查局成都地质调查中心；3. 邓建辉，四川大学；4. 李宗亮，中国地质调查局成都地质调查中心；5. 李坤仲，西藏自治区地质环境监测总站；6. 索登，向导；7. 龙飞，西藏自治区地质环境监测总站；8. 高云建，四川大学；9. 韩梅东，四川省华地建设工程有限责任公司；10. 吴鑫，四川省华地建设工程有限责任公司

C.6　再 进 白 格

2018 年 11 月 3 日傍晚，白格后缘再次发生滑坡。原西藏自治区国土资源厅给我发了个邀请函，我们做了简单的安排与准备后，11 月 5 日一早再次出发。

因为朱师傅感冒，我们需要先到邛崃接安师傅。中午在邛崃简单午餐，18:00 左右才到达八美镇。急于赶路，商量决定晚上住在道孚县。过了龙灯草原，天气开始不对劲了，远处可见明显的闪电，雷声听不见感觉还是应该有的，很快就开始下大雪了。前不着村，后不着店的，汽车剩下的油也有限，安师傅很紧张，但也只能硬着头皮前进。龙灯草原是个神奇的地方，上次回程时在这里两辆大卡车在弯道上剐蹭了，我们绕了一大圈才回到正道。这次回程时越野车又在这里爆胎了，这是后话。

6 日从道孚县出发，11:00 到达甘孜县。安师傅赶路错过了在甘孜县吃午饭的时机。问了一下中国地质调查局成都地质调查中心的李宗亮研究员，他们 5 日走的是甘白路。上次行程没走这条路，我们也决定试一试。甘白路穿越海子山(原来是个冰帽)，风景不错(图 C.14)，但是很多地方为冰雪路面，安全是个大问题。中途我们甚至想往回走，还好安师傅的技术娴熟，最后在 15:00 左右平安到达白玉县城。

图 C.14 甘白路风光

刘鸿飞总工打电话说白玉县前往滑坡坝的道路给封了，需要特别通行证，他准备安排向导经娘西乡前往白格村。到达白玉县时，我再次给李宗亮先生打电话，证实了此事，于是我们打算赶往江达县。到达江达县国土资源局时已经是 19:00 多，西藏的同志还在辛勤工作。第二天的行程安排还待定，拷贝了基本数据后，我们就回宾馆了。成都理工大学许强教授打算 7 日从邦达机场赶过来，到中午才知道成都至邦达的航班因天气原因取消了。这一天基本上在行程讨论与等待中度过。

8 日一早振奋人心的消息来了，我们一行 7 人(四川大学 2 人，四川省地质矿产勘查开发局九一五水文地质工程地质队 2 人，深圳市北斗云信息技术有限公司 2 人，向导 1 人，见图 C.15)可以搭乘部队的直升机前往白格村！搬运仪器和等待耗费了不少时间，直到 11:30 飞机才起飞，到达白格村只用了半个小时的时间。两架飞机卸下仪器和人员后就飞走了，我们采取的策略还是先抓紧时间工作，肚子饿了就吃点干粮。大约 15:00 后缘的考察基本结束，在白格村再次见到了部队的政委。他们还有 6 人留守，租住在村民家(没住在贡则寺)。与上次相同，他们没收到指挥部的任何指示。还好，这次是坐直升机，我们的给养基本够用。波罗乡的王书记一行徒步 3 天时间，于 8 日下午赶到了白格村。

王书记先是了解了我对整个滑坡的看法，接着指示白格村所有人员撤离至波公村。部队和喇嘛都不是十分愿意，但是既然是中央下达的命令，讨论后决定还是配合，毕竟这是一个特殊时期。看在我满头白发的份上，王书记甚至给我安排了一辆摩托车，免除徒步之苦！戏剧性的是，临行时，王书记又说我可以和贡则寺堪布住在一起。这样我就成了唯一留在白格村的考察人员。

图 C.15 11 月 8 日行前合影

晚上次色俄陈堪布给我做了牦牛肉炒白菜，味道还不错。吃完饭与喇嘛做了简单的交流，大致了解了一下他们的生活，似乎没有我想象中那么严肃。21:30 左右堪布还有功课，我先睡了。考虑到气候寒冷，堪布让我睡在厨房，并在炉灶里添了几块木头。这晚睡得很香，直到第二天 8:30 才起床。休息好了，人的精气神都回来了。堪布大清早就出门做功课去了，我背起包就往滑坡方向赶，约定见面的时间是早上 9:00。

沿着滑坡右侧边界边下行，边考察，大约 14:00 就到达滑坡坝了。两天的考察路线参看图 C.16。总体感觉，右侧边界的板岩、片麻岩居多，同时 3500～3100m

表面似乎为一层沼泽土，吴新明先生认为是老滑坡物质，回来后仔细比对了一下，应该是风化后的碳质板岩。滑坡的左侧后缘以风化的绿色蛇纹岩为主。总之，滑坡体的岩性组成很复杂，还需要进一步考察验证。

滑坡坝 9 日就开始开挖了，看来指挥部是彻底放弃爆破方案了。这个思路是对的，毕竟滑坡后缘的裂缝区还有 1000 多万立方米悬在那里，一旦震下来那可不是开玩笑的！一共是 10 台挖机，3 台装载机，15:00 我离开时的开挖深度约 10m（图 C.17）。白格"11·3"滑坡堆积体块度较小，开挖总体进度很快，我回到波罗乡时解放军舟桥部队又运了一台新挖机过去（图 C.18）。看来 11 日开挖完还是有希望的。

图 C.16　白格"11·3"滑坡考察线路

图 C.17　泄流槽开挖

图 C.18　舟桥部队运送挖掘机

开挖的泄流槽位置仍然是第一次自然泄流槽部位，中国水利水电第五工程局有限公司的第一台挖机 8 日晚就从则巴村开过去了。真的很厉害！

返程坐的是冲锋舟，白天没啥问题，一路平安顺利，但是冲锋舟上没有照明，晚上只能用手电，吴新明先生回程时居然倒回去了，拖到晚上 12 点左右才返回到波罗乡！

C.7 小结与致谢

2008 年汶川地震后我在灾区考察了 100 余天，原因是地震虽然常见，但是人生一辈子遇到一次大地震的概率还是很低。这次去白格滑坡考察的动机也与此大体相似，虽然滑坡常见，但是一辈子亲历大江大河严重堵江的概率也不大。从工作角度讲，当时我们正在申报青藏高原滑坡研究的国家重点研发计划项目，而滑坡堵江正是我负责的研究课题。过去研究堵江滑坡像是考古，好不容易来了个活体，机会自然不能放过！至于前面谈到的这次滑坡的怪，那是纯粹从学术角度进行的思考。

与 2008 年相比，国家近 10 年的发展给人印象深刻的是技术进步了，特别是无人机遥测技术的进步！10 年前我们不知道哪里灾情严重，10 年后 2～3 天内我们就可以获得受灾区清晰的影像！如果有什么不足的话，个人觉得两点还有待提高，一是应急管理体制，一个大的灾害往往是个灾害链，涉及的部门多，如何统一协调、高效运作是个大问题；二是应急处置技术问题，该问题在藏东南高山峡谷区十分突出。在这种高差可大于 2000m，坡度可能陡于 40°，没有交通的地区，一段出现滑坡堵江如何减灾是一个值得探究的大问题。

白格滑坡是河谷岸坡自然演变的产物，但是滑坡后缘还有 1000 多万立方米的裂缝区，再次发生滑坡堵江的可能性很大。目前灾区人民要么投靠亲友，要么在山顶上搭帐篷居住，这个冬天会很难过！真的希望灾难很快过去，在强大的自然力量面前我们多少还是应该有所作为的。

这次调查得到相关各方的大力支持。首先要感谢四川大学侯太平副校长，他的牵线帮我们解决了与西藏相关部门的联系与协调问题；其次要感谢西藏自治区和四川省相关部门的大力支持，包括西藏自治区公安厅、原西藏自治区国土资源厅、原昌都市国土资源局、江达县国土资源局、四川省水利厅和白玉县政府等；再次要感谢两次共同现场考察的战友们，他们分别来自四川省华地建设工程有限责任公司、中国地质调查局成都地质调查中心、西藏自治区地质环境监测总站、深圳市北斗云信息技术有限公司、四川省地质矿产勘查开发局九一五水文地质工程地质队等；最后要感谢白玉县和江达县的极限越野摩托车手们，没有他们的高超技术，我们的考察任务很难平安完成。

这段经历很难得，这篇文字既是为了纪念，又是为了提醒，西南高山峡谷区的防灾减灾工作任重道远。自然总会以一种你意想不到的、最奇妙的形式来展现其存在与威力，没有亲临体验是很难有这种体会的。我们能做的就是加深理解和寻找对策！

四川大学 邓建辉

2018 年 11 月初稿

2020 年 6 月 10 日晚修改定稿